Spring Edition
2020 vol.48

CONTENTS

封面攝影　回里純子
藝術指導　みうらしゅう子

春天！手作的季節

作品 INDEX

春天色零碼布的創意巧思 50 選

以下將介紹50款——

不浪費任何心愛餘布，

以零碼布製作的日常實用小物！

攝影＝回里純子
造型＝西森 萌
髮妝＝タニ ジュンコ
模特兒＝TARA

作法▶ P.70　　　　剪刀套　　　　No.02

如包捲可麗餅般，摺疊布片製作而成的剪刀套。裡布與水兵帶的選色，則是以提取自表布印花中的綠色調進行搭配。

表布＝平織布〜Tilda（Primrose Pink・100234）裡布＝平織布〜Tilda（Ferm Green・120025）／有限會社Scanjap Incorporated

作法▶ P.65　　　　圓形束口袋　　　　No.01

縫合2片正圓形的布片，製作而成的束口袋。鬆開束口時如圓形托盤般，收納強力夾＆線材，或隨身攜帶的糖果等物品，都相當便利。

表布＝平織布〜Tilda（Primrose Teal・100222）裡布＝平織布〜Tilda（Charlene Blue・100223）／有限會社Scanjap Incorporated

作法▶ P.66　　　　咖啡杯波奇包　　　　No.04

在附有側身的拉鍊波奇包上，添加了以布帶作為杯把的巧思，是一款造型俏皮的波奇包。

表布＝平織布〜Tilda（Primrose Eggnog・100230）表布日＝平織布〜Tilda（Meadow Slate・130088）裡布＝平織布〜Tilda（Lupine・120013）／有限會社Scanjap Incorporated

作法▶ P.90　　　　線軸針插　　　　No.03

將從雜貨店覓得的木製線軸，組合上填滿了手藝用棉花的布團，作成針插。即便隨意地散落在針線盒中，也具有強烈明顯的存在感。

右・表布＝平織布〜Tilda（Gingdot Teal啡啡A色・100224）左・裡布＝平織布〜Tilda（Meadow Slate・130088）／有限會社Scanjap Incorporated

作法▶ P.65 **方片圍裙** No.06

加入摺紙感的簡約線條＆形狀，作出充滿時尚感的圍裙。若以春色盎然的清爽花紋布縫製，更能為烹飪時光增添無比樂趣。

表布＝平織布～Tilda（Flowerbees Teal・100236） 配布＝平織布～Tilda（Marylou Blue・100225）／有限會社Scanjap Incorporated

作法▶ P.66 **門片防撞消音墊** No.05

頻繁開門關門時，總是發出「吧嗒——吧嗒——」的擾人噪音？不妨試著裝上防撞消音墊來抑止聲音吧！只要以鬆緊帶製作兩側的繩環，任何尺寸的門板皆適用。

表布＝平織布～Tilda（Gingdot Blue・100224）／有限會社Scanjap Incorporated

將捲尺當作台座使用。

作法▶ P.68 **小鴨針插** No.08

在捲尺上添加了鴨子造型的針插，將是陪伴你度過美好縫紉時光的可愛夥伴。只要扎實地填入手藝用棉花，就能呈顯出美麗的鴨子輪廓。

表布＝平織布～Tilda（Flower Confetti Plum・100199） 配布＝平織布～Tilda（Cantucci Stripe Plum・130072）／有限會社Scanjap Incorporated

作法▶ P.67 **珠鍊** No.07

不斷重覆將壓克力珠放入縫成筒狀的布條之中＆打單結的作法，輕鬆完成獨特風格的項鍊！末端以蝴蝶結繫結，即可自由調節長度。推薦作為簡約穿搭時的裝飾單品。

表布＝平織布～Tilda（Marylou Blue・100225）／有限會社Scanjap Incorporated

作法▶ P.69　　　　　蔬果網袋　　　　—┤No.10

諸如洋蔥、馬鈴薯、蒜頭等需要存放在乾燥通
風場所的蔬果，都放入專用的收納網袋中吧！
網袋可使用市售的洗衣網或蕾絲窗簾布製作。

表布＝平紋精梳棉布～ART GALLERY
FABRICS（Ukuphila-Kushukuru・KUS-
23705）／ART GALLERY FABRICS
（Nukumorino Iro株式會社）

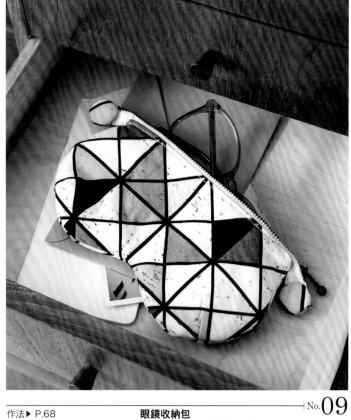

作法▶ P.68　　　　　眼鏡收納包　　　　—┤No.09

配合眼鏡的鏡框輪廓，縫製出雙圓弧設計的波
奇包。由於內裡包夾單膠鋪棉，因此可以保護
鏡片避免損傷，放入手袋中也能令人大為放
心。

表布＝平紋精梳棉布～ART GALLERY
FABRICS（Vitrine Gems-Grid・GRI-
50407）／ART GALLERY FABRICS
（Nukumorino Iro株式會社）

作法▶ P.70　　　　　餐盒束帶　　　　—┤No.12

以包釦組製作布釦，再接縫於鬆緊帶上即可完
成！亦可作為便當名如標示帶，使用上非常便
利。

表布＝平紋精梳棉布～ART GALLERY
FABRICS（Lush Lions Love Oqlva
・SLV-24514）／ART GALLERY
FABRICS（Nukumorino Iro株式會社）
包覆配件＝胸針用包釦組（橢圓形）・45
／Clover株式會社

作法▶ P.71　　　　　眼罩　　　　—┤No.11

不妨試著製作旅行時的必備良伴＆讓每天安穩
入睡的助眠好物──眼罩吧！若滴上幾滴薰衣
草或天竺葵等精油，更能在香氛中甜然甜睡。

配布＝平紋精梳棉布～ART GALLERY
FABRICS（Oultwater Stream Clear-
Enchanted Voyage・ENV-71784）／
ART GALLERY FABRICS（Nukumorino
Iro株式會社）

| 作法▶ P.09 | 布珠項鍊 | No.14 |

將零碼布塗上蝶古巴特拼貼熱轉印膠，自製布珠吧！因為只需少量的心愛布片即可完成，平時裁布剩餘的零碼布，都可先製成布珠＆存放備用。

表布＝平紋精梳棉布～ART GALLERY FABRICS（Saltwater Stream Clear-Enchanted Voyage・ENV-71784）／ART GALLERY FABRICS（Nukumorino Iro株式會社）

| 作法▶ P.71 | 水壺保溫袋 | No.13 |

內側使用了保溫保冷內襯的水壺保溫袋。內容量可放入350ml保特瓶。由於接縫了提把，易於攜帶也是推薦的優點。

表布＝平紋精梳棉布～ART GALLERY FABRICS（Night Talks-Bloomsbury・BLB-44725）／ART GALLERY FABRICS（Nukumorino Iro株式會社）

No.14布珠項鍊

1.製作布珠

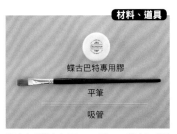

材料、道具

蝶古巴特專用膠

平筆

吸管

表布A（棉布）20cm×20cm・表布B（亞麻布）20cm×20cm・皮繩寬0.3cm×長100cm・吸管（直徑0.5cm）・布用雙面膠

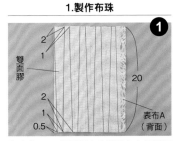

❶ 在表布A・B背面緊密地黏貼上布用雙面膠，並依圖示畫上記號線。

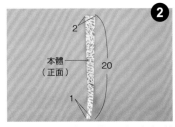

❷ 裁剪本體用布，表布A剪下8片，表布B剪下7片。

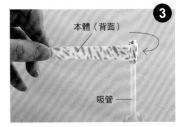

❸ 撕下離型紙，將一片本體布由寬2cm端開始，捲繞於吸管上。

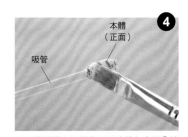

❹ 以平筆將蝶古巴特專用膠塗抹在步驟❸捲繞完成的本體正面。

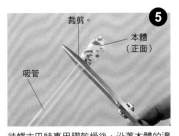

❺ 待蝶古巴特專用膠乾燥後，沿著本體的邊緣裁剪吸管。

❻ 布珠完成！共以表布A製作8顆布珠，以表布B製作7顆布珠。

2.串成項鍊

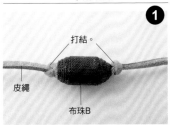

❶ 將布珠B穿放於100cm皮繩的中心位置，並在布珠兩側打結。

❷ 各於左右兩側輪流穿入7顆布珠A、B，並依相同方式打結。

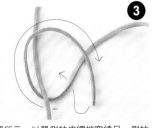

❸ 如圖所示，以單側的皮繩端穿繞另一側的皮繩段，打一個繩結。

❹ 拉收皮繩端，繫緊＆整理形狀。（固定結）

❺ 另一側皮繩端亦以相同方式打一個固定結。

作法▶ P.73　　　彈片口金面紙套　　　No.16

在單側面縫上袖珍面紙套外口袋，打開口金則可收納護唇膏或藥品等隨身小物的超好用波奇包。

表布＝平織布～SOULEIADO（Grigri・SLF-67A）配布＝平織布～SOULEIADO（Lacrima・SLF-66B）／株式會社TSUCREA

作法▶ P.69　　　珠針收納包　　　No.15

展開時是美麗的花朵，一經摺疊又變成愛心造型的珠針收納包。針插部分為不織布。與可愛的珠針配成套組禮物，一定大獲好評。

表布＝平織布～SOULEIADO（Ramoneur・SLF-69C）／株式會社TSUCREA

作法▶ P.73　　　便當袋　　　No.18

此作品的設計起源於「想要一個簡約大人風的便當袋」的願望。將接縫於袋口兩側的緞帶繫成蝴蝶結，即可作為提把使用。

裡布＝平織布～SOULEIADO（La Fleur de Maussane・SLF-2K）
配布＝平織布～SOULEIADO（Patchwork・SLF-30C）／株式會社TSUCREA

作法▶ P.72　　　箱型摺疊布盒　　　No.17

約手掌大小的箱型摺疊布盒，因邊有鋪棉裡襯而顯得飽滿蓬鬆。非常適合收納藥品、USB等零散的小物品。

表布＝平織布～SOULEIADO（Baby patch・SLF-50C）裡布＝平織布～SOULEIADO（La Petite Mouche・SLF-14P）／株式會社TSUCREA

作法▶ P.74　　　咖啡濾紙收納袋　　　No.20

打開按釦處袋口補充咖啡濾紙，需要時再從下端開口輕鬆地抽取單張使用。是方便掛在廚房角落，不佔空間的實用小物。

表布＝平織布～SOULEIADO（La Merveille・SLF-19C）／株式會社TSUCREA

作法▶ P.84　　　唇膏袋　　　No.19

以防水布為表布＆以平織布為裡布製作而成。袋蓋裡側亦有小口袋設計，可收納OK繃等小物。

表布＝Laminate防水布～SOULEIADO（Royal・SLFRK-60C）裡布＝平織布～SOULEIADO（Alhambra・SLF-59B）／株式會社TSUCREA

作品製作＝小林かおりさん（No.15至No.26）

作法▶ P.75　　塑膠袋收納袋　　──No.22

總是在不知不覺中累積了一堆的商店購物袋和塑膠袋？若能製作一個可以隨手丟入＆從下方抽取的收納袋，一定會非常便利！

表布＝牛津布～SOULEIADO（Jahangir・SLF-54）／株式會社TSUCREA

作法▶ P.74　　餐盤提袋　　──No.21

烘焙點心或自備佳餚時，方便直接連餐盤一併打包的便利提袋。擁有可快速裝入食物＆餐皿容器的優點，外帶食物回家也很方便。

表布＝平織布～SOULEIADO（Grigri・SLF-67B）裡布＝平織布～SOULEIADO（Gypsy・SLF-38D）／株式會社TSUCREA

內側は4層に分かれています

作法▶ P.77　　多隔層拉鍊波奇包　　──No.24

附側身設計，具有安定感的拉鍊波奇包。內有4層的夾層。可放入用藥記錄本、卡片，亦可在旅行時收納票卡或護照。

表布＝平織布～SOULEIADO（Manado・SLF-48D）／株式會社TSUCREA

作法▶ P.76　　雜貨包　　──No.23

專為製作到中途的布小物、閱讀中的書籍，或沒有專屬收納而隨處散落於客廳的雜貨類物品等，可快速統整收納的手提袋。在袋口處穿入棒針等棍狀物，是維持袋型的設計巧思。

表布＝牛津布～SOULEIADO（Mouche×Robin・SLF-55B）／株式會社TSUCREA

作法▶ P.78　　打摺包　　──No.26

只要依側邊的打摺對齊摺疊，即可快速收摺成手掌大小。推薦放入隨身包包內攜帶，作為環保袋備用。

表布＝平織布・SOULEIADO（Orient・SLF-42A）／株式會社TSUCREA

作法▶ P.76　　眼鏡袋　　──No.25

以壓棉布縫製的眼鏡袋。作法雖然簡單，避免鏡片刮傷的防護力卻很值得信賴。

表布＝壓棉布～SOULEIADO（Petit Patch・QSLF-46A）裡布＝平織布～SOULEIADO（Reves d'Orient・SLF-35N）／株式會社TSUCREA

作法▶ P.82　　　　　　立方體面紙盒　　　　　━│ No.28

立方體造型的抽取式面紙盒套。側面附有口袋，可隨手收納搖控器＆文具等，容易散亂於客廳四處的生活雜物。

表布＝牛津布～kippis（Villikukka・KPO-34B）／株式會社TSUCREA

作法▶ P.79　　　　　　燜燒罐提袋　　　　　━│ No.27

使用鋪棉製作的燜燒罐專用袋。由於提把附有插釦，因此可以掛在手提袋的提把處。此設計的尺寸，作為御飯糰攜帶包使用也恰好合適喔！

表布＝牛津布～kippis（Mansikka・KPO-32B）／株式會社TSUCREA

作法▶ P.78　　　　　　歇腳吊床　　　　　━│ No.30

長時間搭乘飛機或火車旅行時，絕對少不了的便利軟墊可以固定在座位前的餐桌使用。
※餐桌有損壞之虞時，可能會有禁止使用的情況。因此使用前，請先務必自行確認＆判斷能否使用。

表布＝牛津布～kippis（Juhla・KPO-37A）

作法▶ P.75　　　　　　餐具盒　　　　　━│ No.29

簡單袋型的餐具收納盒。袋口內側裝有按釦，所以也可以壓合袋口，方便露營或野餐等戶外活動時攜帶使用。

表布＝牛津布～kippis（Salmiakki・KPO-19E）／株式會社TSUCREA

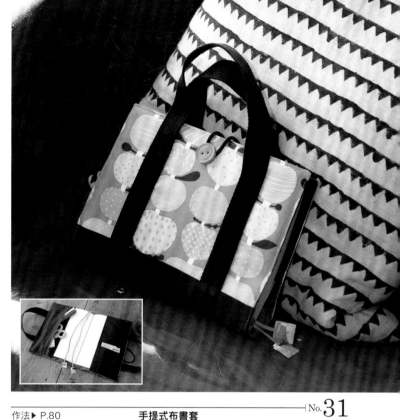

作法▶ P.81　　　　　**工具包**　　　　┤No.32

圓筒狀的拉鍊波奇包，可直立收納物品。放入文具＆工具類物品時，可以快速取放使用的優點特別方便。包夾出芽帶的縫製作法，則是穩固袋型的小祕訣。

表布＝牛津布～kippis（Ruukku・KPO-33B）／株式會社TSUCREA

作法▶ P.80　　　　　**手提式布書套**　　　　┤No.31

想要同時攜帶書本＆文具時，大力推薦使用的書套。附有收納用的拉鍊口袋。

表布＝牛津布～kippis（Omppu・KPO-02C）／株式會社TSUCREA

出芽帶（包繩）作法＆接縫方法

1.出芽帶作法

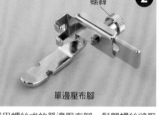

❶ 出芽帶的內芯可使用棉線、定型芯材、細圓繩等。

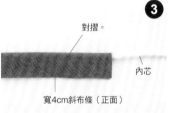
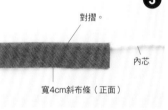

❷ 選用螺絲式的單邊壓布腳，鬆開螺絲將壓布腳左右移動調整至合適位置。

螺絲
單邊壓布腳

❸ 對摺。
內芯
寬4cm斜布條（正面）

裁剪寬4cm的斜布條。對摺，將內芯包夾於摺雙邊。

單邊壓布腳
摺雙側

❹ 將單邊壓布腳設定在車針的左側，一邊以指尖將內芯壓近斜布條的摺雙邊，一邊沿著內芯邊緣進行車縫，但請注意避免縫到內芯。

2.出芽帶的接縫方法

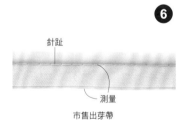

❶ 出芽帶　對齊。
摺雙側
本體（正面）

將出芽帶疊放於本體的正面側。出芽帶的摺雙側朝下，對齊本體布邊＆出芽帶布邊。

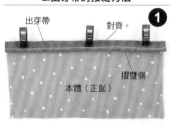

單邊壓布腳
本體（正面）

❷ 將單邊壓布腳設定在車針的右側，沿著出芽帶的針趾車縫固定。

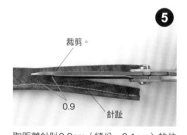

針趾
測量
市售出芽帶

❻ 使用市售的出芽帶成品時，可由針趾處開始測量布端的幅寬，再以測量尺寸＋0.1cm，計算本體的縫份寬。

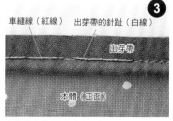

❺ 裁剪。
0.9
針趾

取距離針趾0.9cm（縫份－0.1cm）的位置進行裁剪。

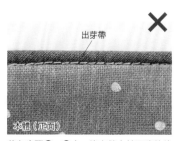

出芽帶
本體（正面）

✕ 若在步驟❷、❹中，沒有縫合於正確的位置，針趾就會外露，無法完成美觀的作品。

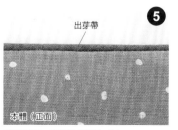

出芽帶
本體（正面）

❺ 翻至正面，出芽帶接縫完成！

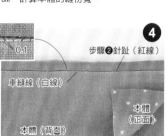

0.1
步驟❷針趾（紅線）
車縫線（白線）
本體（背面）

❹ 與另一片本體正面相對疊合，看著本體步驟❷的針趾側，在步驟❷針趾（紅線）的內側0.1cm處進行車縫（白線）。

車縫線（紅線）　出芽帶的針趾（白線）
出芽帶
本體（正面）

❸ 車縫於芽帶的針趾（白線）上方。

作法▶ P.85　　　　　　　　筆記本套　　　　　　　—No.34

專為A5筆記本＆書籍設計的布套。也推薦作為
日記本或行事曆等的封套使用。內裡還附有筆
插喔！

表布＝平織布（MC74-13）裡布＝平織布
（MC74-11）／MC SQUARE

作法▶ P.82　　　　　　　附口袋束口包　　　　　—No.33

方便於旅行時使用的，附有如吾妻袋般外口袋
的束口包。外口袋可放入需要快速拿取的常用
物品，束口袋裡則可收納換洗衣物等。

表布＝平織布（MC74-5）／MC SQUARE

作法▶ P.83　　　　　　　小沙包束口袋　　　　　—No.36

併接四片表布，製成小沙包般模樣的束口袋。
圓滾滾的渾圓線條，顯得格外可愛。放入糖果
點心或化妝品等小小物品都OK。

表布A＝平織布（MC74-2）表布B＝平織
布（MC74-6）／MC SQUARE

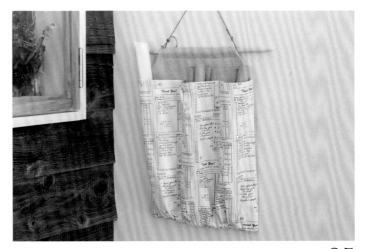

作法▶ P.83　　　　　　　紙型收納袋　　　　　　—No.35

正好適合存放製作中的紙型。只要將需要使用
的紙型暫時收納其中，即可避免找不到的情況
發生。上方穿入粗棒針＆綁上線繩，即可自由
懸掛。

表布＝平織布（MC74-8）／MC SQUARE

作法▶ P.72　　　　　　　　印鑑盒　　　　　　　—No.38

在此使用口金＆底座成組販售的印鑑盒材料
■。■■■■■■■■■■■■■■■■■■■再裝入
口金裡即可完成。作法雖然簡單，但成品具有
極佳的高級質感。

表布＝平織布（MC74-11）裡布＝平織
布（MC74-13）／MC SQUARE

作法▶ P.84　　　　　　生理用品波奇包　　　　—No.37

特別適合收納衛生棉等，不想被外人一眼看見
時貼身用品。經過摺疊後，與其說是波奇包，
外觀看起來更像是手帕。

表布＝平織布（MC74-12）裡布＝平織
布（MC74-13）／MC SQUARE

作法▶ P.79　　**襯衫造型袖珍面紙套**　　┤No.40

是不是令你回想起了將便條紙摺成襯衫造
型，傳遞信件的時光呢？縫製成襯衫造型的
袖珍面紙套，藉由點綴上小小的鈕釦，更加
增添真實感。

表布＝平織布（MC74-10）／MC SQUARE

作法▶ P.85　　**編織物品收納袋**　　┤No.39

可於編織時放入毛線，或於拼布時收納裁剪好
的布片等，收集好即將使用的手作素材再進行
作業的迷你收納袋。用途可由你自由決定！

表布＝平織布（MC74-3）／MC SQUARE

作法▶ P.86　　**隔熱手套**　　┤No.42

外形如手掌戲偶般的可愛隔熱手套，拿取烤盤
或鐵鍋都安全又便利。由於化學纖維的混紡素
材有可能會有遇熱熔化的疑慮，因此建議使用
棉布或亞麻布等布材進行縫製。

表布＝平織布（MC74-7）／MC SQUARE

作法▶ P.86　　**愛心鍋具隔熱套**　　┤No.41

配合愛心造型的設計，請一定要使用紅色系印
花布來製作喔！將吊耳作得稍長一些，較方便
懸掛。料理時光似乎也會因為這特製的造型變
得加倍有趣。

表布＝平織布（MC74-9）／裡布＝平織布
（MC74-4）／MC SQUARE

作法▶ P.87　　**愛心波奇包**　　┤No.44

手掌大小，散發可愛氣息的迷你波奇包。是裝
入糖果、藥品、家中鑰匙等小物恰到好處的尺
寸。

表布＝平織布（MC74-1）／MC SQUARE

作法▶ P.87　　**手機座**　　┤No.43

三角粽般胖嘟嘟的公雞擺飾，不僅造型可愛，
尺寸也正好適合直立擺放手機。安定感的祕訣
在於將公雞餵滿棉花唷！

表布＝平織布（MC74-4）／MC SQUARE

作法▶ P.89　　　　針插　　　　┤No.46

外觀如圓形抱枕的針插。中央縫上了以側身相
同布料製作而成的包釦，作為點綴。填入大量
的棉花，亦是呈現出美麗輪廓的祕訣所在。

表布＝平織布～FRENCH GENERAL by
moda（MC74-20） 配布＝平織布～
FRENCH GENERAL by moda（MC74-
18）／MC SQUARE

作法▶ P.88　　　母雞造型調味料收納籃　　　┤No.45

將鹽巴＆胡椒等調味罐都放入母雞造型收納籃
中吧！一定會為餐桌注入歡樂氣息的。訣竅在
於整體包夾鋪棉，作出蓬鬆飽滿感。

表布＝平織布～FRENCH GENERAL by
moda（MC74-19）／MC SQUARE

作法▶ P.89　　　　抓褶波奇包　　　　┤No.48

先將波奇包本體抽拉細褶，再以中央飾帶收束
⬛⬛⬛⬛⬛⬛⬛⬛⬛⬛⬛⬛⬛⬛⬛⬛⬛⬛⬛⬛⬛
是超乎外觀的預期，功能性非常優異。

表布＝平織布～FRENCH GENERAL by
⬛⬛⬛⬛⬛⬛⬛⬛⬛⬛⬛⬛⬛⬛⬛⬛⬛⬛
FRENCH GENERAL by moda（MC74-
19）／MC SQUARE

作法▶ P.99　　　　花形束口袋　　　　┤No.47

攤開時是簡單的正方形布片，但一拉緊束口
繩，袋口的四片花瓣立刻吸引眾人目光，變身
成花朵的束口袋。建議選挑春天感明亮色調的
布材製作。

表布＝平織布～FRENCH GENERAL by
moda（MC74-14） 裡布＝平織布～
FRENCH GENERAL by moda（MC74-
20）／MC SQUARE

作品製作＝キムラ マミさん（No.45至No.50）　　　16

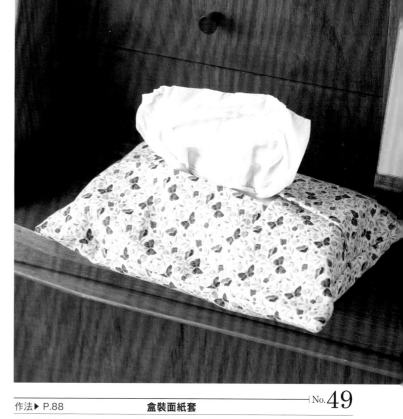

作法▶ P.17　　　**碗用保護墊**　　　┤No.**50**

夾在陶器或漆器等食器之間，避免碰撞刮傷的保護墊。此作品為茶碗專用的尺寸。你也可以依手邊的食器尺寸，自行放大＆縮小紙型後進行製作。

表布＝平織布～FRENCH GENERAL by moda（MC74-18）　裡布＝平織布～FRENCH GENERAL by moda（MC74-15）／MC SQUARE

作法▶ P.88　　　**盒裝面紙套**　　　┤No.**49**

將表布以井字排列，完成自拼接開口處抽取面紙的有趣設計。也推薦使用雙色組合或不同花紋的布料製作，試著縫製出俏皮有趣的作品喔！

表布＝平織布～FRENCH GENERAL by moda（MC74-17）／MC SQUARE

No.50碗用保護墊作法（翻出邊角的技巧）

材料：表布（平織布）裡布（平織布）單膠鋪棉各20cm×20cm　紙型：C面

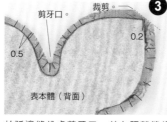

④

避免邊角處縫份重疊。　摺疊。　裡本體（背面）

縫份倒向裡本體側。檢視邊角縫份的摺疊狀況，避免重疊地進行修剪。

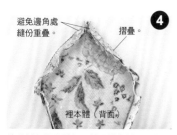

③

剪牙口　裁剪　0.2　0.5　表本體（背面）

於弧邊縫份處剪牙口，並在距離縫份0.2cm處裁剪邊角縫份。內凹處縫份的牙口請剪深至接近針趾。

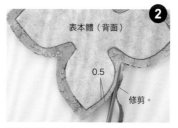

②

表本體（背面）　0.5　修剪。

將縫份修剪至0.5cm。

①

1　車縫。　裡本體（正面）　返口3cm　單膠鋪棉　表本體（背面）

以表布、裡布各裁剪1片本體，並於表本體背面燙貼單膠鋪棉。再將表本體與裡本體正面相對疊合，預留返口＆以縫紉機車縫。

╳

起皺

內凹處的弧邊縫份如果沒有貼近針趾剪牙口，將會因起皺而無法完美地翻回正面。

⑦

錐子

弧邊縫份處也插入錐子，拉出本體＆整理成圓弧狀。

⑥

拉出邊角。　錐子

插入針趾的縫隙，以錐子尖端拉出邊角。如果拉得太用力會導使縫份外露，請多加留意。

⑤

壓住。　裡本體（背面）

從返口處放入食指，並以拇指壓住邊角的縫份。以拇指＆食指夾住縫份，翻至正面。其餘三個邊角也以相同作法翻出。

翻出直角的方法

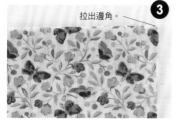

③

拉出邊角。

以錐子拉出邊角。使邊角呈直角，並且避免超出此範圍的角度，即可漂亮地完成縫製。

②

壓住。

以拇指壓住縫份，並以拇指＆食指夾住，翻回正面。

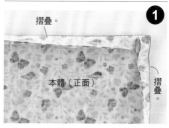

①

摺疊。　本體（正面）　摺疊

縫製直角的作品時，不裁剪邊角縫份，請直接摺疊縫份。

⑧

表本體（正面）　藏針縫。

整理完成後，將返口處藏針縫。

一本 OK！ 最想要的錢包大集合！

本書收錄高達97款實用又可愛的錢包，

從尺寸迷你的零錢包、大小適中的短夾、時尚感激增的長夾、便利的口金包等，

豐富又百變的手作錢包提案，絕對能為您帶來超多製作靈感，完成最合用的個人化錢包。

想以輕便裝扮出門時，就將錢包中的物品換到輕巧型的摺疊式錢包；

若想到家裡附近的商店買點東西，只在口袋放入零錢包就可以快速出門；

配合較為正式的場合則可以攜帶富有華麗感的時尚款長夾；

搭配時間、地點、當日穿搭等條件，挑選喜愛的自製錢包，是手作人獨有的日常樂趣。

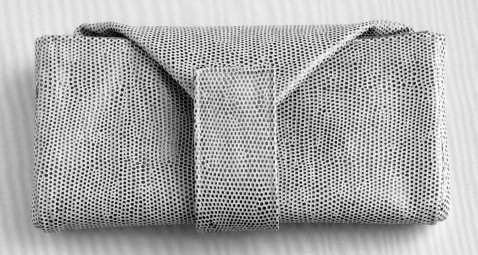

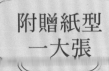

附贈紙型
一大張

皮革×布作！初學者の手作錢包(暢銷版)
一次滿足錢包控的
45枚紙型×97個零錢包、短夾、長夾、口金包超值全收錄

越膳夕香◎者
19×26cm・96頁・彩色+雙色
定價380元

徹底精通口金安裝技巧！

手作口金大包 & 波奇包

針對在手作圈中一直擁有高度人氣的口金——

「想知道高明的口金安裝方式」、「希望教我口金包的紙型作法」，

本期將針對最常見的提問，徹底教作對應不同款式口金的作品設計。

請參見P.24技法講座，動手作出完美的口金作品吧！

攝影＝回里純子　造型＝西森 萌　妝髮＝タニ ジュンコ　模特兒＝TARA

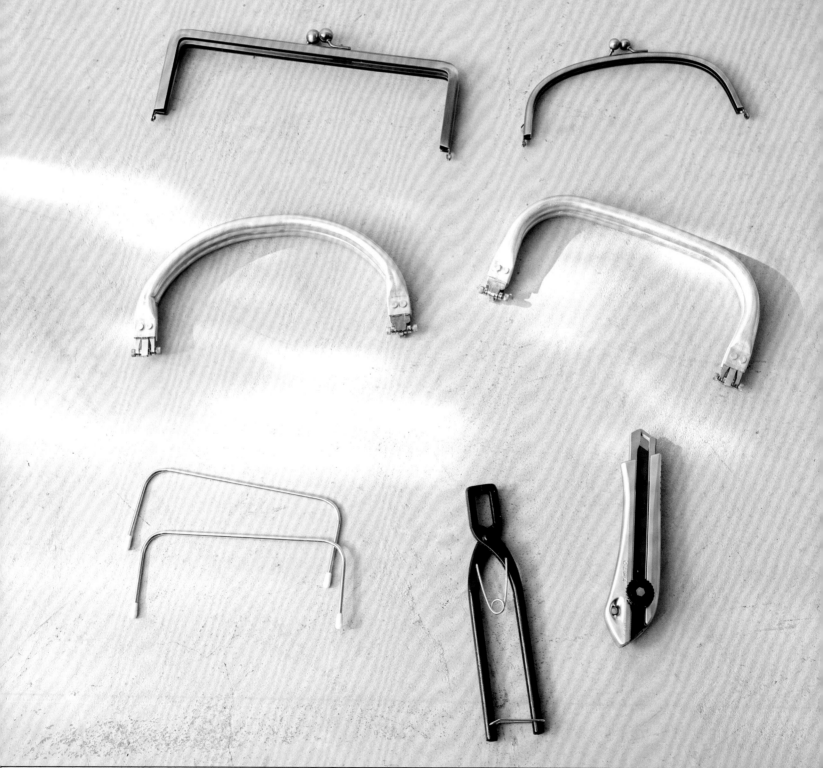

鋁管口金 × 手提包

No. 51

ITEM｜鋁管口金手提包
作法｜P.90

將鋁管口金穿過作成筒狀的配布，直接當成布包的提把。一打開口金，布包本體就會大幅度開啟，取放物品輕鬆又便利。

表布＝棉麻帆布～COTTON＋STEEL（RP100-P13C）
裡布＝平織布～COTTON＋STEEL（RP207-BL1）／COTTON＋STEEL

使用口金

鋁管口金・圓弧型24cm（MC74-30）by清原（株）／MC SQUARE

No. 52

ITEM｜鋁管口金三層包
作法｜P.91

組合前・中・後三層次設計的超好用三層包。主本體的袋口加入鋁管口金，不僅方便輕鬆開闔，縫製作法也很容易。

使用口金

鋁管口金・方型24cm（MC74-34）by清原（株）／MC SQUARE

支架口金 × 後背包・波奇包

No.
53　ITEM｜支架口金後背包
作法｜P.92

支架口金搭配拉鍊一起使用是絕對的鐵則！此作品是適合日常使用，尺寸略小的時尚後背包。在袋口處裝上拉鍊＆口金，就能同時達成大幅打開袋口取放物品＆保持袋口穩固不軟塌的需求，是方便實用的優秀組合喔！

表布＝棉麻帆布～COTTON＋STEEL（RP102-CR5C）
裡布＝平織布～COTTON＋STEEL（RP107-BL1）／
COTTON＋STEEL

使用口金

口金＝支架口金 21cm（MC74-38）by 清原（株）／
MC SQUARE

No.
54　ITEM｜支架口金波奇包
作法｜P.29

袋型簡單，但帶有充裕幅寬的側身。藉由裝入支架口金＆可大大打開的袋口，將帶來更方便好用的體驗。推薦用來收納化妝品或裁縫工具等雜物。

使用口金

口金＝支架口金 10cm（MC74-41）by 清原（株）
／MC SQUARE

方型・圓弧型口金 × 手提包 & 波奇包

No. 55

ITEM │ 方型口金迷你波士頓包
作 法 │ P.94

以接著劑 & 紙繩固定的塞入式口金框，成品也常被稱為「蛙口包」。雖然一開始會覺得裝接時有些困難，但熟練之後就很容易上手。由於方型比圓弧型更適合初學者，因此建議先從方型開始熟悉口金的安裝方法喔！

使用口金

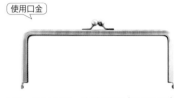

口金＝塞入式口金・方型 21cm（MC74-42）
by 清原（株）／MC SQUARE

No. 56

ITEM │ 方型口金波奇包
作 法 │ P.95

即使同樣使用方型口金，也會因側身的接合方式而輕鬆改變袋型印象。此作品可作為眼鏡包或筆袋等，是收納常用物品的方便尺寸。

使用口金

口金＝塞入式口金 單吊環・方型 15cm（MC74
-44）by 清原（株）／MC SQUARE

No. 57

ITEM │ 圓弧型口金波奇包
作 法 │ P.27

適合裝入零錢或小糖果等，使用圓弧型口金的小波奇包。雖然是最基本的款式，但在尚未熟練安裝口金之前，建議從小尺寸開始挑戰。

使用口金

口金＝塞入式口金 單吊環・圓弧型 10cm（MC74
-51）by 清原（株）／MC SQUARE

適合收納用藥手冊、護照或名片等物品的手冊包。搭配專用的透明卡片冊，更能提昇便利性。

使用口金

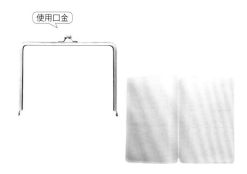

表布＝綿11號帆布 by Navy Blue closet（cfm-18・Gray）／cf marche
口金＝手帳口金（MC74-56）
手帳口金專用透明卡片冊（MC74-57）／SQUARE

好喜歡刺繡×口金！

自由挑選九款不同大小的經典塞入式口金，
並在素色布料上繡出美麗的自然風圖案，
創作出令人愛不釋手的小巧可愛波奇包吧！

口金包的美麗刺繡設計書

樋口愉美子◎著

平裝／96 頁／14.8×21cm
彩色＋單色／定價 320 元

全面攻略口金紙型打版～縫製作法！

由於市售口金的種類＆形狀眾多。
但只要學會依口金框體製圖打版的基礎技巧，就能自由挑戰各種口金。

協力／Clover（株）‧清原（株）

口金

口金的種類

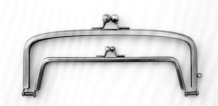

親子口金
在大口金中有小口金的款式。

吊環

方型 附雙吊環
四角方型口金，附有可掛接提把的雙吊環。

吊環

圓形 附單吊環
此造型是大多數人印象中的經典款口金，附有可掛上墜子或吊飾的單吊環。

手縫式口金
不使用白膠＆紙繩，須手縫安裝的款式。

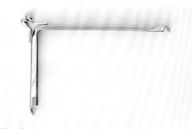

L型口金
開口呈L字形的口金。也有溝槽位於外側的款式。

塑膠口金
塑膠製的口金。製作時，最後收尾階段不需使用鉗子。

當紙繩的粗細不合時

1

紙繩

轉開紙繩。

2

紙繩

攤開紙繩。

3

修剪。

紙繩太粗就進行修剪，太細則重疊紙繩。

4

紙繩

重新轉緊紙繩。

工具

口金專用推片
白膠
口金專用加工鉗
口金專用填縫夾
錐子
牙籤

紙繩

牙籤：在口金溝槽內塗抹白膠時使用。
錐子：將本體插入口金溝槽內時使用。
口金專用推片：將本體或紙繩插入口金溝槽內時使用。（手邊如果沒有，以一字起子替代也OK）。
口金專用填縫夾：易於將紙繩嵌入口金的工具。
口金專用加工鉗：鉗嘴處包覆樹脂，壓合口金時不會傷及口金。（手邊如果沒有，將一般鉗子夾上墊布使用也OK。）
白膠：快乾且能黏合金屬的膠款較好用。
紙繩：插入口金溝槽，作為填充物使用。

口金的部位名稱

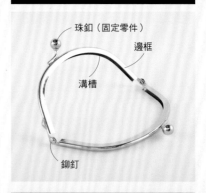
珠釦（固定零件）
邊框
溝槽
鉚釘

口金的尺寸標示

本書依以下的方式標註口金尺寸（可能與廠商的標示略有差異）。

高
寬

1.基礎口金製圖

		製圖畫法	決定設計

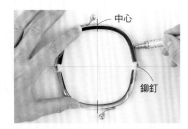  

③將基準點設定在口金弧線起始點附近，位置取大概即可。從此處進行右半部的製圖。 ☆：鉚釘中心

②直線對齊口金中心，橫線對齊鉚釘，沿口金外圍描線。

①在打版紙等製圖用紙上，畫出2條相互垂直的線。

配合口金框體，製圖設計口金包。可依想裝入的物品&口金大小來決定寬與高。

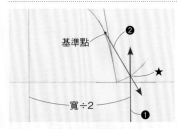 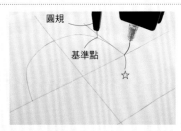 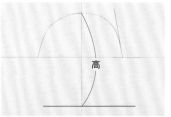 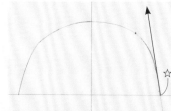

⑦−1 從寬度決定製圖方式
決定口金包寬度後，在距離中心的一半寬度處畫出記號線。弧線與寬度線的交會點★＝止縫點。再從基準點朝★畫直線。

⑥以基準點為中心，從☆以圓規畫出弧線。

⑤決定口金包高度，畫出記號線。

④從☆沿口金朝上畫直線。

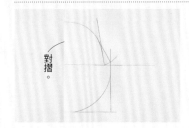 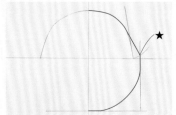 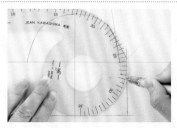 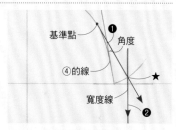

⑩將製圖直向對摺。

⑨完成基本製圖。

⑧依喜好描繪設計底部的圓潤度。

⑦−2 從角度決定製圖方式
以步驟④畫的線為底線，決定角度（參照角度的決定方法）&從基準點朝弧線畫直線。與弧線交會點★＝止縫點，再從止線點朝下垂直畫寬度線。

應用編 P.22 No.57 圓弧型口金波奇包

以①至⑨的相同方式繪製，並畫上尖褶。尖褶可使袋型呈現立體感。

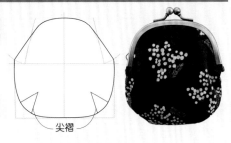

⑫紙型完成！

⑪沿線剪下。若想製作含縫份的紙型，就在周圍外加1cm縫份之後再剪下。

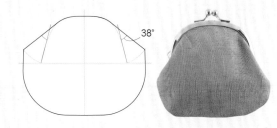 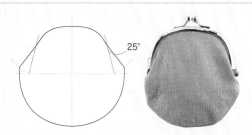

角度的決定方法

寬度亦可在⑦-2決定角度後順勢畫出。建議取20°至50°左右的角度。角度越大，就會完成越蓬鬆的作品。參考左記角度&成品圖示，依喜好設計吧！

2.附側身口金的製圖

②決定口金包高度＆寬度，畫出記號線。

口金外圍　　　基準點
☆（鉚釘中心）

①以P.25 1.①至②相同方法畫垂直線，並描出口金外圍。基準點設定在口金邊角附近。

配合口金框體，製圖設計口金包。可依想裝入的物品＆口金大小來決定寬與高。
此範例為眼鏡包。請以內容物的厚度＆偏好來決定側身寬。

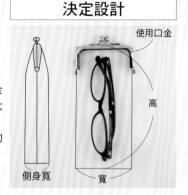
使用口金
高
側身寬　　　寬

完成圖

★（口金安裝止點）　　★（口金安裝止點）

⑤以P.25 1.⑩⑪相同方式摺疊並剪下。紙型完成！

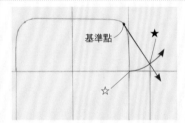
基準點
★
☆

④依P.25 1.⑥相同方式，以基準點為中心畫弧線，與寬度線的交會點★＝止縫點。再從基準點朝向★畫直線。

側身寬÷2
側身寬÷2

③側邊＆底邊再取側身寬÷2的寬，如圖所示繪圖。

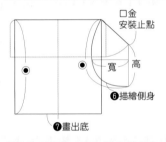
口金安裝止點
寬　高
⑥描繪側身
⑦畫出底

③決定高與寬，畫出側身的弧度。再以側身弧邊的長度（●）作為本體高度，並畫出底線。

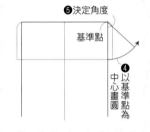
❺決定角度
基準點
❹以基準點為中心畫圓

②以基準點為中心畫弧線，再依側身幅寬決定角度。

❸決定基準點
❶描出口金
❷決定本體寬度

①畫出2條相互垂直的線，並描繪口金外圍。決定本體寬度後，以本體寬度位置作為基準點。

應用編
P.22 No.55 方型口金迷你波士頓包

3.無側身扁平口金包製圖

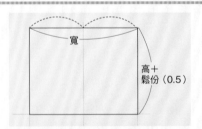
寬
高＋鬆份（0.5）

②畫出以橫向為寬度，縱向為高度＋鬆份（0.5）的四角形。

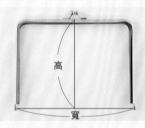
高
寬

①測量口金的高與寬。

P.23 No.58 口金手帳套

⑤依底中心線對摺紙型紙，沿記號線剪下紙型。不想呈現厚度時，如圖所示只在鉚釘周圍外加縫份即可。（作法參見P.95。）

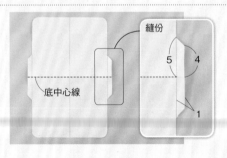
縫份
5　4
底中心線
1
底中心線摺雙

④完成製圖。

描畫圓角。
底中心線摺雙

③將四角形上方對齊口金外側，描畫口金圓角。

4.口金包作法＆口金安裝方式

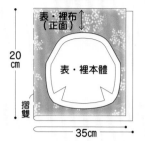

本體作法

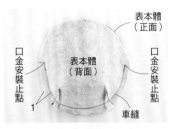

②表本體正面相對疊合，如圖所示車縫兩止點之間。裡本體也以相同方式車縫。

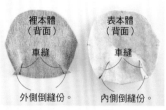

①車縫本體尖褶，表本體縫份倒向內側，裡本體縫份倒向外側。

紙型A面

【材料】
●表布（棉布）35cm×20cm
●裡布（棉布）35cm×20cm
●單膠鋪棉 35cm×20cm
●塞入式口金 附單吊環‧圓弧型
（寬10cm高5.5cm）1個

※裡布也以相同方式裁布，並於表本體背面燙貼單膠鋪棉。

裁布圖

20cm／35cm
表・裡布（正面）
表・裡本體
摺雙

口金安裝方式

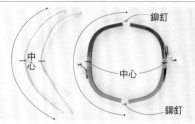

①配合口金兩側鉚釘之間的長度，將紙繩剪成2條備用。在紙繩中心＆口金內側中心作記號。口金請貼上紙膠帶後，再以麥克筆畫記。

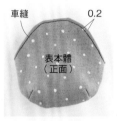

⑤翻至正面，將返口縫份往內部摺疊並車縫。

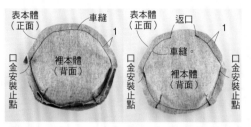

④對齊表本體＆裡本體，如圖所示在單側預留返口，車縫兩止點之間的袋口。

③燙開縫份。表本體翻至正面，放入裡本體中。

⑤對齊口金安裝止點＆鉚釘，將本體插入口金溝槽中。

④以疏縫固定夾（長型）夾住固定。

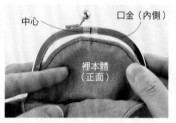

③在裡本體中心作記號。對齊口金內側中心＆裡本體中心，將本體插入溝槽中。

②以牙籤在口金溝槽內塗滿白膠。由於白膠容易乾涸，因此務必一次製作一邊。

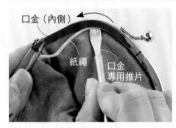

⑨從中心往左右，將紙繩推入口金溝槽中。

⑧對齊口金中心＆紙繩中心，以口金專用推片（或一字起子）推入口金溝槽中。

⑦檢視表本體側。若本體沒有確實推入至溝槽中，將會發現縫線外露的瑕疵，此時針對該處以錐子往框內推入即可。框邊表布產生皺紋時，也以錐子左右推移，將其分配平整。

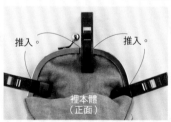

⑥以疏縫固定夾夾住，再以錐子將口金中心到鉚釘之間的本體確實推入溝槽中。

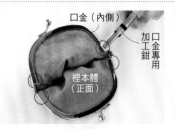

⑬撕下口金中心的記號紙膠，以口金專用加工鉗（或夾入墊布的鉗子）將口金末端四處壓緊閉合。

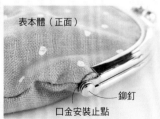

⑫檢查整體——鉚釘＆口金安裝止點的位置是否對齊？表本體縫線是否外露？有無產生皺褶等狀況。

⑪以口金專用填縫夾（或一字起子）將紙繩整體再次往口金溝槽深處推入。

⑩若紙繩太過接近或超出口金末端，皆在距離口金末端0.5cm處剪斷紙繩，並將剪下的紙繩端也推入口金溝槽中。

彈片口金

兩側以合頁連接的薄型金屬製口金。以手指按壓兩側即可快速開闔。

1.接縫口布

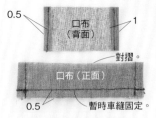

0.5　口布（背面）　1

口布（正面）
對摺。
0.5　暫時車縫固定。

① 內摺＆車縫口布兩側縫份後，橫向對摺，並暫時車縫固定。

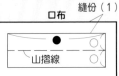

口布紙型

口布
縫份（1）

山摺線

製圖

●＝長＋鬆份（1至1.5）

○＝高＋鬆份（0.5）

摺雙
口布

口布
表・裡本體
本體高度

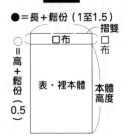

使用範例 P.10 No.16
彈片口金面紙套

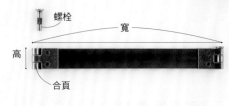

螺栓
寬
高
合頁

彈片口金
測量口金的寬＆高。

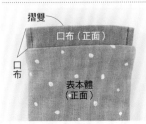

摺雙
口布（正面）
口布
表本體（正面）

⑤ 翻至正面，縫合返口。

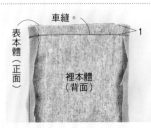

車縫。
表本體（正面）　1
裡本體（背面）

④ 燙開縫份。表本體翻至正面，放入裡本體中。接著車縫袋口。

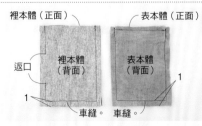

裡本體（正面）　　表本體（正面）
返口
裡本體（背面）　　表本體（背面）
1　　　車縫。　車縫。　1

③ 表本體・裡本體各自正面相對疊合，車縫四周。裡本體須預留返口不車縫。

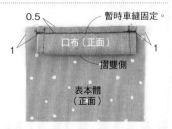

0.5　暫時車縫固定。
口布（正面）
1　　摺雙側　1
表本體（正面）

② 將口布重疊於表本體上，暫時車縫固定。

口布（正面）
表本體（正面）
彈片口金

④ 口金安裝完成！

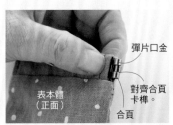

口布（正面）
螺栓
鉗子
表本體（正面）

③ 將螺栓插入合頁卡榫中，以鉗子按壓至最下端。

口布（正面）
彈片口金
對齊合頁卡榫。
表本體（正面）
合頁

② 對齊口金的合頁卡榫。

2.安裝彈片口金

口布（正面）
口金穿入口
彈片口金
表本體（正面）

① 拆下口金螺栓，並從分開的合頁卡榫端穿入口布中。

鋁管口金

既有鋁質製的輕巧優點，合頁螺栓的結構也方便輕鬆＆大幅度地開闔袋口。由於只須拆裝螺栓即可簡單安裝，因此可多次替換。亦稱作醫生口金、鋁框口金。

口布（正面）
表本體（正面）

① 以彈片口金的相同方式接縫口布。

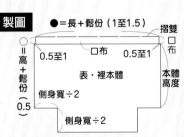

製圖

●＝長＋鬆份（1至1.5）　摺雙

○＝高＋鬆份（0.5）
0.5至1　口布　0.5至1
表・裡本體
側身寬÷2
側身寬÷2
本體高度

使用範例 P.20 No.52
鋁管口金三層包

測量鋁管口金的長度＆粗細。

粗細

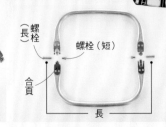

螺栓（長）
螺栓（短）
合頁
長

鋁管口金

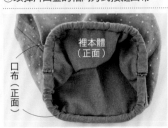

裡本體（正面）
口布（正面）

⑤ 鋁管口金安裝完成！

螺栓（短）
表本體（正面）

④ 從內側插入螺栓（短），鎖緊固定。

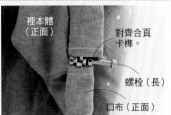

裡本體（正面）
對齊合頁卡榫。
螺栓（長）
口布（正面）

③ 另一側也以相同方式穿入後，對齊口金合頁卡榫，再從外側插入螺栓（長）。

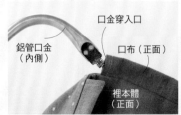

口金穿入口
鋁管口金（內側）
口布（正面）
裡本體（正面）

② 取下口金的螺栓，拆開口金，將口金內側朝向裡本體側，從較窄的合頁卡榫端穿入口布中。

支架口金

以冂字形鐵架製作的口金。製作袋物時，以兩支為一組，並須配合拉鍊使用。
完成的收納包＆布包袋口可呈四角形大大開啟，取放物品的便利性極佳。

【材料】
- ●表布（棉布）70cm×25cm
- ●裡布（棉布）70cm×25cm
- ●單膠鋪棉 70cm×25cm
- ●拉鍊 30cm 1條
- ●支架口金
  （寬10cm高5.5cm）1組

※標示數字已含縫份。
　表本體背面須燙貼單膠鋪棉。

裁布圖

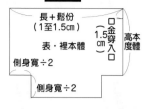

25cm

摺雙

23　2.5　拉鍊止縫點　2.5　表布（正面）
表・裡本體
4　4　17.7　4
摺雙
拉鍊裝飾布 6
70cm

製圖

長＋鬆份（1至1.5cm）
口金穿入口（1.5cm）
表・裡本體
側身寬÷2
側身寬÷2
高本度體

P.21 No.54
支架口金波奇包

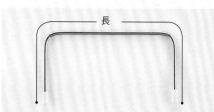

長

支架口金
測量支架口金長度。

本體作法

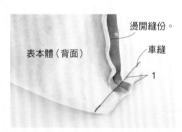

④燙開脇邊＆底部縫份，對齊脇線＆底線車縫側身。另一側＆裡本體也以相同方式車縫。縫份倒向底側。

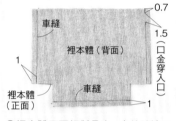

③裡本體正面相對疊合，車縫脇邊＆底部，並在單側脇邊預留口金穿入口不車縫。

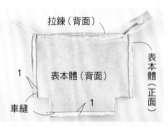

②表本體正面相對疊合，車縫兩脇邊＆底部。並移開拉鍊兩端。

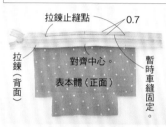

①對齊拉鍊＆表本體布邊，在兩拉鍊止縫點之間，取距邊0.7cm進行車縫。另一側的拉鍊＆另一片表本體也以相同方式車縫。

⑦將裡本體袋口對齊拉鍊縫線，挑縫於拉鍊布帶。

⑥裡本體翻至正面，開口縫份摺入背面側。再將表本體放入裡本體中。

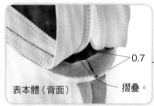

⑤將拉鍊翻至正面，縫份倒向表本體側。脇邊縫份摺向背面側。

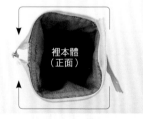

⑪另一側也以相同方式穿入。

⑩從口金穿入口穿入支架口金。

⑨翻至正面，如圖所示沿袋口車縫2道線，作為口金穿入通道。

⑧拉鍊從止縫點翻至正面。

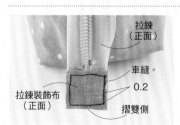

⑮以拉鍊裝飾布夾住拉鍊末端車縫。另一側作法亦同。

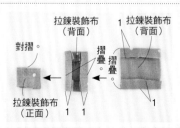

⑭將拉鍊裝飾布上下、左右各內摺1cm，接著對摺。

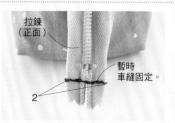

⑬將拉鍊布帶兩側摺往背面，摺成2cm寬，並暫時車縫固定。另一側也以相同方式摺疊。

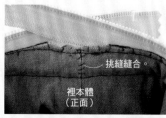

⑫挑縫口金穿入口。

SWANY STYLE
春色手作包

人氣織品店鎌倉SWANY，
今年春季主推「袋型簡潔，以布料展現魅力」為主題的布包。
巧妙運用進口布料的設計感，完成令人眼前一亮的新清作品。

攝影＝回里純子　造型＝西森 萌　妝髮＝タニ ジュンコ　模特兒＝TARA

No.
59
ITEM｜拼接水桶托特包
作 法｜P.96

可愛圓底的托特包。適合短暫外出時，裝入手
機或錢包等隨身物品。細緻刺繡的布料豐富了
整體的美感。

表布＝進口織品（IE3195-1）／鎌倉SWANY

No. 60

ITEM｜扁平波奇包S・L
作 法｜P.97

幾何學圖案的緹花織紋×條紋布料，呈現絕佳
搭配效果的收納包。雙層拉鍊包的結構，也滿
足了分類收納物品的便利性。

上・表布＝進口織品（IE3197-1）
　　配布＝進口織品（IE3198-1）
下・表布＝進口織品（IE3197-1）
　　配布＝進口織品（IE3198-2）／鎌倉SWANY

No. 61

ITEM｜寬版提把托特包
作 法｜P.98

以結合刺繡×貼布繡呈現令人印象深刻之美麗
布面的家飾織品為主布，製作方正袋型的托特
包。寬版提把也是點亮設計感的重點之一。

表布＝進口織品（IE3194-1）／鎌倉SWANY

No.
62 ITEM｜長版托特包
作 法｜P.99

大小正好能放入雜誌的托特包。側身以素色布
料拼接，呈現跳色的活潑感。樣式雖然簡單，
但卻是非常實用的尺寸。

右・表布＝進口織品（IE3196-2）

連結真摯心意的繩結
美麗又獨特的清新風格

一次學會！

項鍊／手環／戒指／髮夾／髮飾
耳針／耳環／別針／鑰匙圈／和服飾品……

挑選喜歡的作品♥
立刻動手編

首刷隨書贈送
5條水引繩

清新又可愛！
有設計感の水引繩結飾品
mizuhikimie ◎著
平裝／80頁／21×26cm
彩色／定價320元

秀惠老師の質感好色手縫拼布包

本書附有詳細作法說明及兩大張精美紙型，秀惠老師不藏私的在書中示範多樣化技法，除了初學者必學的繡法，基礎圖形拼接、布花製作、貼布縫基礎、提把製作，更加入了老師許多全新設計的獨門小技巧，此外更收錄了封面作品「愛之船提袋」及超人氣的「薰衣草長夾」全圖解教學，非常適合具有拼布基礎的初學者挑戰，略有程度的拼布人，亦可在書中找到更多職人的創意，將其運用在拼布袋物的創作，定能激發出更多靈感的火花！

手作，是人生最棒的調色盤，相信喜歡拼布的您，也絕對能夠描畫出屬於自己的每一幅精彩。

34

繡色人生後背包

※作品紙型&圖案請參考《秀惠老師の質感好色手縫拼布包》一書。

★材料準備

前片表布		22cm x 22cm	1片	D形環（側身）	2cm	2個
磚塊布		適量		（後背帶）	2.5cm	3個
貼布縫用布		適量		織帶	2.5cm x 110cm	2條
後片表布		22cm x 27cm	1片	問號鉤		4個
滾邊	上側身	4cm x 37cm	2片	皮片		4個
	後口袋	4cm x 22cm	2片	拉鍊　上側身	35cm	1條
上側身表布		14cm x 37cm	1片	後口袋	20cm	1條
下側身表布		14cm x 53cm	1片	提把		1條
紙襯、鋪棉、胚布		50cm x 55cm		日形環		2個
裡布		1.5尺		口形環		2個
25號繡線			適量	織帶用布	6×110cm	2條
D形環布		4cm x 4cm	2片			

HOW TO MAKE

1-1 ※ 貼布縫作法請參考下方 BOX。

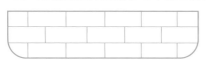

1 組合前片下方的磚塊布＋前片上方的表布（完成貼布縫），進行三合一壓線，繡好所有的花。

1-2

1-3

貼布縫（以浪漫小花園長夾示範）||||||||||||||||||||||||||||||||||||||||||||||

貼布縫製作

1 剪下外加縫份的布。

2 放入實際尺寸的紙板，疏縫四周，以熨斗燙好定型，再將紙板取出。

3 再將布縫合在指定的位置上。

4 沿著貼布縫的邊緣進行落針壓線即完成。

2-1

2-2

裡布

2-3

2-4

2-5

裡布

2-6

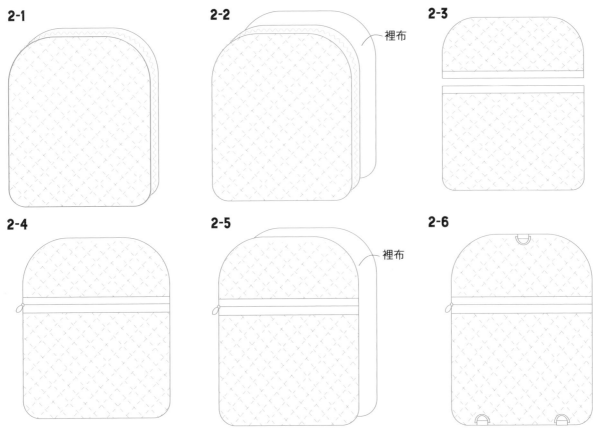

② 後片表布進行三合一壓線＋一片裡布，由記號線剪開，完成滾邊，縫上拉鍊，再加 1 片裡布，縫上三組 D 形環布＋ D 形環。

3-1

（口袋）

裡布

3-2

③ 裁剪前片裡布（口袋先完成設計）＋步驟 **1**，背面相對疊合。

4-1

（口袋）

裡布

4-2

④ 裁剪後片裡布（口袋先完成設計）＋步驟 **2**，背面相對疊合。

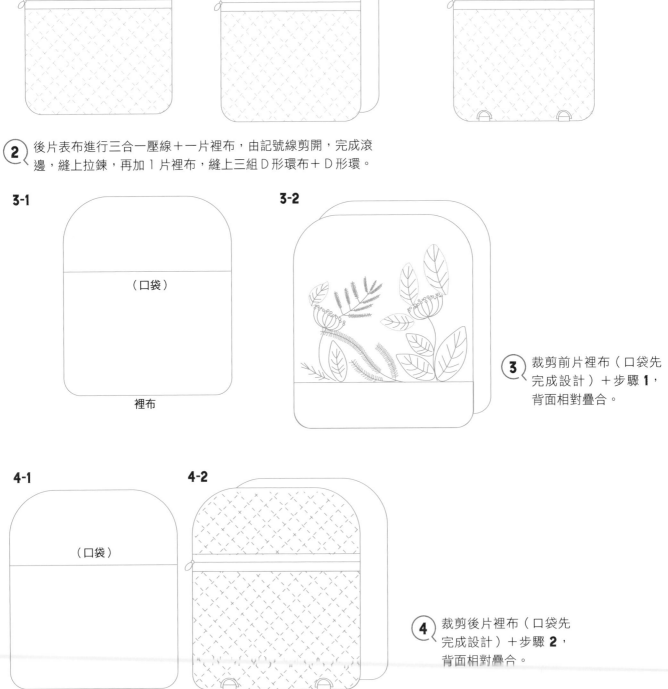

5-1

裡布

5-2 **5-3**

⑥ 下側身表布進行三合一壓線。

5-4

⑤ 上側身表布進行三合一壓線＋一片裡布，由記號線剪開，完成滾邊，縫上拉鍊。

5-5

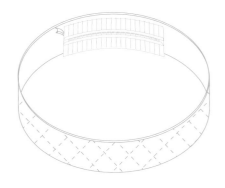

⑦ 組合步驟 **5** ＋步驟 **6**（記得放入 D 形環布＋D形環）再縫下側身裡布。

⑧ 組合步驟 **3** ＋步驟 **7** ＋步驟 **4**，所有縫份以裡布布邊進行包邊處理。

⑨ 縫上提把。

⑩ 製作背帶，即完成。

Back!

每天都想使用的私藏愛包

布包作家・赤峰清香的人氣連載。
本期將介紹在迎接繁多正式場合的春天前，
令人躍躍欲試＆一定要擁有的手作包。

攝影＝回里純子　造型師＝西森萌　模特兒＝TARA

正式場合也要表現出自我風格！

以黑色帆布製作正式包款

春天是一個即將迎接開學典禮與各種聚會等，需要正式著裝出席的場合逐漸繁多的季節。

就算翻出老早以前購入的婚喪喜慶用的手提包來試著搭配穿著，是不是也覺得與現在的自己格格不入呢？「即使依然能意識到外形與顏色是付合正式場合使用的包款，但若以融入日常生活感的帆布來製作，肯定更能與整體穿搭自然地達成一致風格。」赤峰老師表示。

事實上，本期介紹的這個手作包是赤峰老師去年為了出席一直以來非常照顧自己的一位貴人的告別式時，親手製作＆使用的布包。「因為對方是我在作家活動中一直很照顧我的貴人，所以在出席告別式時，我也配藏了自己親手製作的成品以表敬意。」而且，據說老師兩個小孩/年的開學典禮，似乎也打算搭以這款布包前往參加。

由於不僅適合作為正式場合的提包，也昪可以當作隨身袋使用的便利尺寸，因此改變布料顏色，嘗試製作不同的風格也是很推薦的作法喔！

profile

赤峰清香さん

文化女子大學服裝學科畢業。於VOGUE學園東京校＆橫濱校擔任講師，布包與小物的體驗講座深受歡迎。近期著作《增補改訂版 家用縫紉機OK！自己作不退流行の帆布手作包（暫譯）》由日本VOGUE社發行。《初學者也一定會製作的手作布包典藏（暫譯）》由日本文藝社發行。
http://www.akamine-sayaka.com/

側身裝有D型環。亦可
扣上市售肩帶，變換
成肩背包使用。

附有便利的內口袋。

以窄版提把賦予纖細的印象。

No. 63

ITEM｜正式包
作法｜P.102

使用10號黑色帆布，確實呈現
出方形袋體＆俐落直角袋底的
手提袋。以相同布料於掀蓋上
進行鑲邊，自然不造作的裝飾
極有特色。

表布＝10號石蠟加工帆布（#L1050-15·黑色）
裡布＝棉質厚織布79號（#3300-27·黑色）
／富士金梅®（川島商事株式會社）
磁釦＝薄型磁釦18mm（SUN14-109·古銅金）
／清原株式會社

29 款清新風格
實搭手作包生活提案

內附
紙型

★超豐富詳細作包技巧圖解

● 工具使用　● 打孔技巧　● 磁釦安裝
● 提把作法　● 肩背帶製作　● 拉鍊縫法

赤峰清香のHAPPY BAGS
簡單就是態度！百搭實用的每日提袋&收納包
赤峰清香◎著
定價 450 元
平裝 96 頁／彩色＋單色／23.3×29.7cm

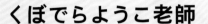

くぼでらようこ老師

今天，要學什麼布作技巧呢？

~機縫電腦刺繡的化妝箱波奇包~

布物作家・くぼでらようこ老師的人氣連載。
本期作品是以電腦刺繡機加上原創繡圖的化妝箱波奇包，
擺放在桌上的模樣是不是精緻又可愛呢！

攝影＝回里純子　造型＝西森 萌

No.
64　ITEM｜化妝箱波奇包M
作 法｜P.100

直徑約15cm的圓形化妝波奇包。包蓋上方的電腦刺繡AD字樣，是與縫紉機製造商Brother公司的合作，將くぼでらようこ老師的設計儲存成機縫電腦刺繡的圖檔資料後輸出的成果。包蓋使用了兩條拉鍊，縫製成雙開樣式。

相較於作品No.64，整體小一圈的直徑8.5cm化妝箱波奇包。蒲公英、鈴蘭、紫羅蘭⋯⋯利用電腦刺繡機加上春天的主題花卉就很美喔！此款作品僅使用一條拉鍊。

くぼでらようこ

自服裝設計科畢業後，任職於該校教務部。2004年起以布物作家的身分出道。經營dekobo工房。以布包、收納包和生活周遭的物品為主，製作能點綴成熟簡約穿搭的日常布物。除了提供作品給縫紉雜誌之外，也擔任體驗講座和Vogue學園東京校‧橫濱校的講師。
http://www.dekobo.com

底部裝有袋底護釘。

以裡布將縫份進行滾邊處理後，成品更為精緻美麗。

※欣賞作品，無作法&紙型。

為作品加上小巧可愛的刺繡

以簡單的針法，搭配色彩柔和的繡線，
輕鬆為作品加上亮點。
一本以「可愛」為最大原則的刺繡圖案集，
收錄 300 個以上不超過 5cm 的小巧圖案，
利用零碎時間就能完成！

清新&可愛小刺繡圖案300⁺
一起來繡花朵‧小動物‧日常雜貨吧！
BOUTIQUE-SHA ◎著
平裝／80 頁／21×26cm
彩色＋單色／定價：320 元

komihinata

迎接春天清新色彩的手作布包

以布小物作家komihinata・杉野未央子最喜歡的LIBERTY印花帆布，

一起來製作春色盎然的布包＆波奇包吧！

攝影＝回里純子　造型師＝西森 萌

profile

Komihinata
杉野未央子

布小物作家。以小巧的布包＆
收納包，可愛的布料搭配＆特
有巧思的小物作法等獲得粉絲
的喜愛。在文化中心等地開設
的課程也廣受好評。

https://blog.goo.ne.jp/
komihinata

變形祖母包
（欣賞作品，無作法＆紙型。）

釦合內側的磁釦，即可
收摺袋口，變化成窄口
的包款。

均等摺疊地抓褶，完成
優美迷人的祖母波奇
包。容量也相當充裕
唷！

No. 65

ITEM｜祖母波奇包
作法｜P.103

以在LIBERTY印花布中極有人氣的
Edenham圖案布，製作出春天氣息的手作
布包＆波奇包2件組。由於布料為11號帆
布，因此具有適當的張力，非常適合呈現
出袋物的線條感。綠色純棉牛津布的剪接
搭配，也是調合整體彩度的亮點裝飾。

表布＝LIBERTY印花帆布（3637071・P）／
（株）LIBERTY Japan

多彩·清新の魅力配色
好評精選＋新作公開·第3彈登場！

雖然小巧，但細節＆作法絲毫不馬虎，
袖珍迷你的可愛尺寸配上溫暖、清新，又洋溢著爽朗氣息的色彩，
這就是komihinata流的特色魅力！請輕鬆翻閱，刺激你的創作靈感＆手作魂吧！

◆超人氣配布&配色提案，讓你愛上布の搭配遊戲！
◆從未刊載在部落格上的作品首次公開！
◆除了袖珍作品，更收錄實用的布作雜貨，布書衣、雨傘套、手機袋……
◆心意手作大推薦！komihinata設計款禮物套組，實用又可愛，送禮不NG！
◆特別企劃：komihinata日暮里隨行採訪！到日本纖維街買布去！

人見人愛の五顏六色布作遊戲50選
Komihinataの極上可愛小雜貨

杉野未央子◎著

平裝／96頁／19×24cm
彩色／定價280元

Jeu de Fils
×
十字繡

小老鼠的
針線活

攝影＝回里純子（P.44）・島田佳奈（P.45至P.47）　造型＝西森 萌（P.44）

刺繡家Jeu de Fils高橋亞紀老師的
十字繡連載在此正式展開！
從春天到冬天，共四期的單元企畫——
製作＆集齊各季推出的一件作品，
就能擁有整套可愛的縫紉工具組喔！

No.
66

ITEM｜老鼠針插
～打招呼～

作 法｜P.108

放在掌心上還有餘裕空間的小巧針插。僅
以三種顏色的繡線，於義大利製麻布上取
2股線進行刺繡而成。內裡也細心地放入
十七桃心，以防止縫針上鏽，是相當實用
的針插。

老鼠圖案集第二彈！

高橋老師手邊的小物當中有許多老鼠十字繡的作品。無論哪隻老鼠看起來都很開心哩！

春天，以十字繡展開
小老鼠的故事

Jeu de Fils・高橋亞紀老師近年持續製作的十字繡圖案當中，老鼠圖案特別受到歡迎。「以前一同生活的愛犬Chobi最愛的玩具就是老鼠布偶。或許是很在意它長長的尾巴吧，總會看到牠跟布偶玩在一起。一隻、兩隻……就這樣老鼠玩偶的收藏持續增加，現在已經滿滿一藍了！試著以十字繡繡出這些老鼠吧？並開始想讓每隻老鼠擁有特色、擺出各種姿勢、呈現開心玩樂的氛圍……接續而來的點子激發了我的想像力。」高橋老師這樣說。

本次的企劃是只要每期製作一件繡有老鼠十字繡的裁縫工具，集齊四期的連載作品，就能收獲一組小老鼠的針線活工具套組。此系列的十字繡創作，每期皆使用三種顏色的繡線＆義大利製的 Graziano亞麻繡布。「無論是十字繡新手或老手，在每期完成一個小作品的輕鬆步調之下，都能開心地享受刺繡。請務必一起加入小老鼠故事的創作行列喔！」

高橋老師親繪——將透過4期連載製作的作品插圖搶先看！
以本期的針插為首，預定將陸續製作縫針收納包、小物盒、縫紉工具包。

愛犬Chobi的朋友們。第一代老鼠玩偶（中央）。

丹麥玩偶MAILEG的收藏區。包含旅遊時購入的玩偶＆來自友人的贈禮，現在已經收集這麼多了！

profile

Jeu de Fils・高橋亜紀

刺繡家。以經營自家工作室為主，並於linen bird二子玉川店不定期舉辦刺繡課程。每月一次，在僅開放數天的網路商店，販售獨創刺繡組及Jeu de Fils獨具品味的材料組等商品，受到眾多支持者熱烈期待。
http://www.jeudefils.com/

Jeu de Fils 工作室

配合層架打造的法式布盒抽屜也是由老師親手製作，是收納繡線＆工具的專屬區域。

百年後，
出現在跳蚤市場中的老物件……
以創造這樣的作品為目標

Jeu de Fils・高橋亞紀老師的自家兼工作室，充滿了能夠引發創作慾望的布置＆物件。除了布料、工具、緞帶等材料之外，還隨處可見以法國為主，由各地帶回的可愛物品。高橋老師居住在法國時，最愛去的地方便是跳蚤市場。家中因此陳列了許多當時找到的人偶、樣本冊、玩具等喜愛的蒐藏。「我最喜歡能夠找到擁有年代感之美物件的跳蚤市場了。如果我的作品也能在不久將來的百年之後，放在某個跳蚤市場，一邊被稱讚『好美啊！』一邊被某人拿起來……我總是想像著希望能作出這樣的作品來進行創作。」高橋老師這樣表示。經過百年後，自己的作品會成為什麼樣的存在……一想到這裡，創作是不是又更加有樂趣了呢！

喜愛的亞麻布&印花布，依色彩以籃子分類。

以抽屜分類收納的刺繡用亞麻布。

用於點綴作品的鈕釦&零件，收藏於古董盒中。

Noel作品展
～刺繡與法式布盒～

去年12月16日至18日，Atelier Jeu de Fils舉辦了作品展。由成員們各自發揮的自由創作，無論是樣本繡、法式布盒、布小物等，每一件作品都是投入大量時間精心製作的藝術品。本次Noel展的主題創作——「蛋形飾品」，更是獨特又迷人。展場中一件件令人不時駐足欣賞的美麗作品，共演出了令人流連忘返的美妙世界。

小巧鋒利的義大利製剪刀，是高橋老師愛用的縫紉工具。刺繡框側面則貼上布料，作為個人標記。

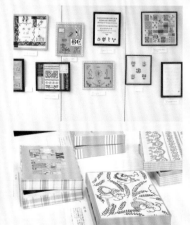

profile

Jeu de Fils・高橋亜紀

刺繡家。本期開始在Cotton Friend手作誌連載「小老鼠的針線活」（P.44）。以經營自家工作室為主，並於linen bird二子玉川店不定期舉辦刺繡課程（P.45原文寫定期舉辦）。每個月一次，僅開放數天的網路商店，販售獨創刺繡組及Jeu de Fils獨具品味的材料組等商品，受到眾多支持者熱烈期待。

http://www.jeudefils.com/

Toshiko Fukuda

透過手作享受繪本世界的樂趣

~愛麗絲夢遊仙境~

Alice's Adventures in Wonderland

手藝設計師・福田とし子新連載，本次的主題是「繪本」！

請期待與福田老師的一期一會，

一起製作從心愛繪本中精選創作的主題手作。

攝影＝回里純子　造型＝西森 萌

【愛麗絲夢遊仙境】

1865年，英國數學家路易斯・卡羅撰寫的童書。
講述少女愛麗絲為了追趕白兔而誤闖奇幻國度，與眾多奇妙角色相遇並展開冒險的故事。

No. 68
ITEM | 蛋頭先生胸針
作法 | P.105

將圓滾滾的蛋頭先生以不織布作成貼布繡的胸針。蛋頭先生是出現在愛麗絲夢遊仙境續集《愛麗絲鏡中奇遇》中的角色，在圍牆上以囂張口氣對愛麗絲說話的場景十分著名。

No. 67
ITEM | 白兔波奇包
作法 | P.104

以引誘愛麗絲前往奇幻國度，隨身攜帶著懷錶的白兔為造型。
肚子部分裝有拉鍊，裝入物品身體就會膨鼓鼓的，非常可愛。

No. 69
ITEM | 愛麗絲夢遊仙境波奇包
作法 | P.106

profile **福田とし子**

手藝設計師。持續在刺繡、針織、布小物主題的手藝書中發表眾多作品。在本連載中，將以福田老師喜愛的繪本為主題，帶來可享受製作、使用、裝飾樂趣的作品。

https://pintactac.exblog.jp/

@beadsx2

融入撲克牌圖案的圓時鐘造型拉鍊收納包。夾入出芽帶，牢牢地固定圓形輪廓，再加上不織布製作的花朵＆愛麗絲吊飾，就完成了！

與布小物作家細尾典子老師一起享受季節活動的手作，連載第3期。
本期以能夠感受明媚春季的「草莓」為主題。

Seasonal Handmade Recipe
from Noriko Hosoo

細尾典子的
創意季節手作

～草莓置物籃～

攝影＝回里純子　造型＝西森 萌

No. 70
ITEM｜草莓置物籃
作法｜P.107

將收納籃點綴上鮮紅色草莓＆嬌弱的白色草莓花，創造出迎面而來般的春天氣息。製作重點在於將側身燙貼單膠鋪棉，並以單膠鋪棉＋接著襯強化底部，維持立體度。是盛裝點心＆雜物都OK的萬用尺寸收納籃。

春天！令人雀躍的季節來了！試著製作春季感小物，並讓它融入居家布置中會如何呢？從布料層架拿出了粉紅色點點布⋯⋯那麼，就先從製作草莓開始吧！

profile ──────

細尾典子

現居於神奈川。以原創設計享受日常小物製作樂趣的布小物作家。長年於神奈川東戶塚經營拼布、布小物教室。將於2020年4月9日，由Boutique社出版第一本著作《有趣造型的收納包之書（暫譯）》。目前好評編輯中，敬請期待！

[Instagram] @norico.107

ITEM｜**草莓收納包**（欣賞作品）

以No.70收納籃同款設計的草莓＆花朵作裝飾的拉鍊收納包。適合收納文具、縫紉工具、化妝品等雜物。問號鉤提繩也方便掛在包包提把等位置。

收納包背面有小暗袋。

從頭開始裝可愛！

22頂大人小孩都心動的加萌手織帽

無論是冬日寒風還是夏日烈陽，
都需要一頂帽子來保護小寶貝免於風吹日曬。
本書收錄作法簡單、造型可愛的大人氣栗子帽等，
大多使用棒針或鉤針的基礎針法就能完成！
翻開本書，為小寶貝編織一頂萌上加萌的可愛手織帽吧！

栗子帽・貓耳帽・尖帽子⋯⋯
好簡單的棒針＆鉤針可愛小童帽
BOUTIQUE-SHA ◎編著
平裝／72頁／21×26cm／彩色
定價 350 元

以喜愛的零碼布試著製作拼布杯墊吧！
善用「布片型板」輔助，
就能輕鬆地完成拼布作品。

攝影＝島田佳奈（P.52）・腰塚良彦（P.53）作品製作＝赤坂美保子老師

零碼布的杯墊創作

使用＜六角形＞布片型板

六角形拼接杯墊

以7片六角形布片拼接而成，
花朵形狀非常亮眼。
尺寸：約寬13×長12cm

使用＜正方形＞布片型板

方形拼接杯墊

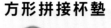

適合拼布初學者的設計。
在圖案布中配置素色布料，可呈現出強弱感。
尺寸：約10cm方形

使用＜正三角形＞布片型板

六角形杯墊

以6片三角形布片
拼接成六角形的杯墊。
壓線也配合縫出六角形。
尺寸：約寬12×長10.5cm

使用＜菱形60°＞布片型板

鑽石杯墊

以6片菱形布片拼接而成的杯墊。
宛如星星般的造型非常時髦。
尺寸：約寬12×長14cm

52

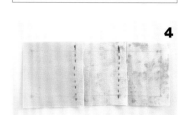

HOW TO
使用布片型板
〈正方形〉

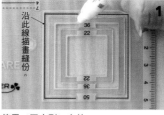

1

沿此線描畫縫份。

使用＜正方形＞布片型板，準備9片邊長36mm並畫上7mm縫份記號的正方形布片。

雙頭水消筆（24-231）

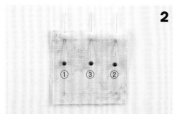

2

① ③ ②

兩片布料正面相對疊合，依號碼順序確實對準記號，並以珠針固定。

拼布珠針（57-303）

3

始縫＆止縫皆回一針，沿記號線進行平針縫。

拼布縫針（57-156）

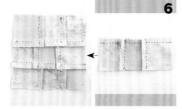

4

橫向拼接三片。

5

以步驟4相同方式製作三組。

6

將步驟5縫份錯開重疊的方向，並縫合在一起。

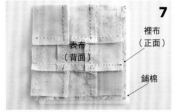

7

裡布（正面）

表布（背面）

鋪棉

如圖所示疊放裡布＆鋪棉（含縫份單邊12.2cm的正方形）。

8

返口4cm

0.7cm

四周進行平針縫。

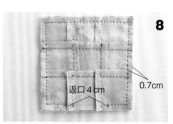

9

修剪邊角。

10

翻至正面，挑縫返口。

11

利用＜正方形＞布片型板，在布片的對角線畫上壓線記號。

12

將慣用手的食指＆拇指套上橡膠指套，中指套上頂針。

頂針＜凹槽式＞No.2（34-422）

彩色橡膠指套＜大・16mm＞（57-392）

13

從外圍開始壓線。以中指頂針推針，將針穿透至裡布，來回穿縫三片。為保持縫線平整對齊，一次縫2至3針即可。

拼布壓線針（57-146）

14

拔針時，以彩色橡膠指套抓住針拔起。

15

以相同作法進行斜線壓線，完成！

布片型板〈正三角形〉

產品編號：57-998

布片型板〈菱形45°〉

產品編號：57-997

布片型板〈菱形60°〉

產品編號：57-996

布片型板〈六角形〉

產品編號：57-995

布片型板〈正方形〉

產品編號：57-999

布片型板（全8種）

能夠同時畫版型＆縫份的模板。

洽詢　**Clover（株）**

No. 71

ITEM｜全罩式長版圍裙
作 法｜P.109

以搶眼的大菜豆圖案的棉麻牛津布，製作長版上衣長度的全罩式圍裙。縫份皆以斜布條處理。

No. 72

ITEM｜隔熱手套
作 法｜P.86

以製作圍裙的餘布完成的隔熱手套。配合圍裙口袋底部的圓弧線條，弧邊的手套設計明確地傳遞出了套組感。

BASIC APRON STYLE
&
Plus

基本款圍裙&配件套組

春天新氣象！要不要以喜歡的布料縫製新的圍裙呢？本單元將介紹四款特選的經典造型圍裙&以剩餘布料製作的配件小物。

攝影＝回里純子　造型＝西森 萌
妝髮＝タニ ジュンコ　模特兒＝TARA

重點教學｜口袋圓角的作法

將口袋接縫在本體上。

依圓角紙型摺疊圓角，並燙摺口袋縫份。

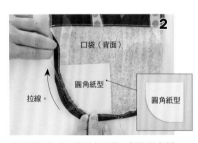

將厚紙修剪成口袋圓角形狀，製作圓角紙型。放上圓角紙型，拉縮縫線。

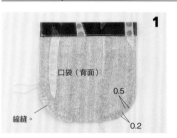

在距邊0.3、0.5mm處以2道縮縫，車縫口袋的圓角。

No. 73

ITEM｜前交叉圍裙
作 法｜P.110

使用雖然薄卻容易縫製的Liberty印花布製作春季風格的洋裝式圍裙。胸前的交叉設計，也為造型增添了些許華麗感。

No. 74

ITEM｜束口短袖套
作 法｜P.108

以少量餘布即可完成的束口短袖套。長度較短，是僅覆蓋袖口，避免袖子下滑的便利好物。

74

73

No.73 表布＝Liberty印花布
（Swirling Petals・3638150-YE）
No.74 表布＝Liberty印花布
（Swirling Petals・3638150-YE）
／（株）Liberty Japan

重點教學｜以斜布條處理縫份的作法

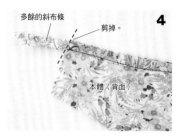

4

多餘的斜布條
剪掉。
本體（背面）

剪去多餘斜布條。

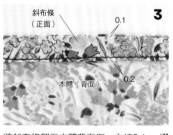

3

斜布條（正面）
0.1
本體（背面）
0.2

將斜布條翻至本體背面側，內縮0.1cm摺疊並車縫。

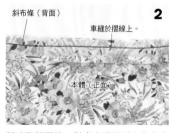

2

斜布條（背面）
車縫於摺線上。
本體（正面）

暫時攤開摺線，對齊本體與斜布條的布邊，沿著步驟**1**的摺線進行車縫。

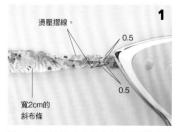

1

燙壓摺線。
0.5
0.5
寬2cm的斜布條

將2cm寬的斜布條剪得比本體所需的接縫長度更長，並取距兩布邊各0.5cm的距離燙壓摺線。

75

No.
75 ITEM｜簡約圍裙
作法｜P.111

有肩繩＆腰繩，基本款的簡單圍裙。在此使用具有挺度的棉質牛津布料製作。

No.
76 ITEM｜吾妻袋
作法｜P.112

自吾妻袋變化而來的布包。大容量的尺寸，特別適合作為環保購物袋使用。

76

重點教學｜綁繩的作法

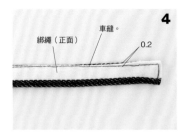

4

綁繩（正面） 車縫。
0.2

進行車縫。

3

綁繩（背面）

★
☆

將☆的末端插入★的縫隙中。

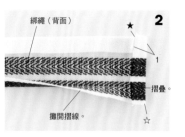

2

綁繩（背面）
★
1
摺疊

攤開摺線。

暫時攤開一側摺線，縱摺布端縫份。

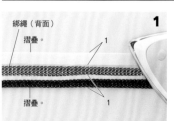

1

綁繩（背面）
摺疊。
1
1
摺疊。

燙摺綁繩上下兩布邊。

56

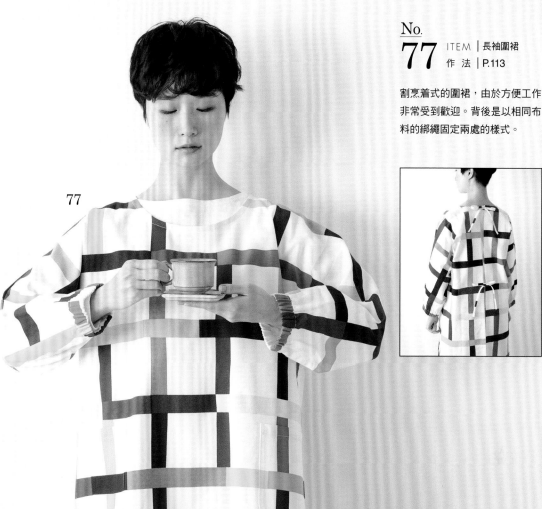

77

No. 77
ITEM │ 長袖圍裙
作法 │ P.113

割烹着式的圍裙，由於方便工作
非常受到歡迎。背後是以相同布
料的綁繩固定兩處的樣式。

No. 78
ITEM │ 萬用布
作法 │ P.103

蓋在蔬菜籃上，罩在放盤子的托
盤上、當成午餐墊……有各種用
途的萬用布，放在廚房備用，需
要時將會非常方便喔！

78

重點教學 │ 鬆緊帶的穿法

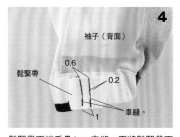

4

袖子（背面）

0.6
0.2
鬆緊帶
1
車縫。

鬆緊帶兩端重疊1cm車縫，再將鬆緊帶兩
端接縫處推入穿帶口中，拉伸鬆緊帶將細
褶調整均勻。

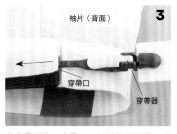

3

袖片（背面）

穿帶口
穿帶器

將穿帶器穿入穿帶口，並拉緊鬆緊帶。較
寬的鬆緊帶則要注意避免在內部扭轉。

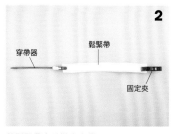

2

穿帶器
鬆緊帶
固定夾

將鬆緊帶末端裝上穿帶器，並且在另一端
夾上夾子以防鬆緊帶鬆脫。

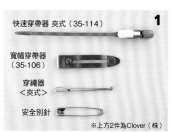

1

快速穿帶器 夾式（35-114）
寬幅穿帶器
（35-106）
穿繩器
＜夾式＞
安全別針
※上方2件為Clover（株）

市售穿帶器有多種款式。依鬆緊帶的寬度
＆長度等條件，選擇容易使用的即可。
若手邊沒有穿帶器，亦可使用較大的安全
別針替代。

讓人一眼就愛上的斉藤謠子流

質感風格日常
手作服＆百搭布包

本書超人氣收錄日本拼布名師——斉藤謠子個人喜愛的質感風日常手作服＆布包，
秉持著「每一天都想穿」、「快速穿搭」、「舒適顯瘦」的三大設計重點，
有別於拼布作法，書中收錄的手作服及布包皆以簡易速成、實用百搭作為設計理念完成，
斉藤老師展現了有別於以往的拼布印象，
以自身喜愛的北歐風布料，製作日常愛用的服飾及隨身包，
使手作更加貼近生活，也讓熱愛布作的初學者，能夠拓展拼布風格之外的全新學習視角。

斉藤謠子の質感日常
自然風手作服&實用布包

斉藤謠子◎著
定價580元
21×26cm・96頁・彩色＋單色

本期作法可掃描QR-CODE
觀看動態影片示範喲！

★特別感謝臺灣喜佳（股）提供。

喜佳官方網站
http://www.cces.com.tw

臺灣喜佳官方臉書
https://www.facebook.com/cces.tw/

暖心口罩套

以家中剩餘的零碼布料，即可完成實用的口罩套。
將口罩放入自製的保護套，外出防護，加倍安心！

攝影場地協助／臺灣喜佳（股）
作品設計‧製作提供／趙冠宜老師
採訪執行‧企畫編輯／黃瓊安
攝影／數位美學　賴光煜

臺灣喜佳股份有限公司
0800-050855 / http://www.cces.com.tw

口罩套

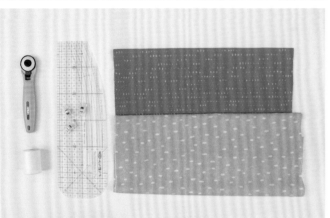

| 示範機型 |

brother A-80 智慧型電腦縫紉機　　brother 2104D 萬用拷克機

Introduction

| 師資介紹 |

趙冠宜 老師

職稱：才藝老師
經歷：教學資歷1.5年
　　　：臺灣喜佳才藝週邊發展部2年
現任：臺灣喜佳才藝週邊發展部作品開發設計老師
專長：服裝製作 / 袋物製作/photoshop/illustrator
證照：女裝丙級 / 電繡丙級

HOW TO MAKE

材料準備

布料1尺、裁刀、裁尺、裁墊、線剪、強力夾，熨斗用定規尺、車線。

裁布尺寸　成人款 36×20cm，兒童款 34×17cm

※教學示範以兒童尺寸呈現，成人款作法相同。

1 裁剪布片34×17cm。

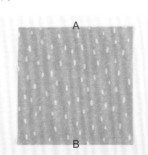

2 布片背面相對，以熨斗壓燙出中心線B。(上端為開口A，下端為摺雙B)

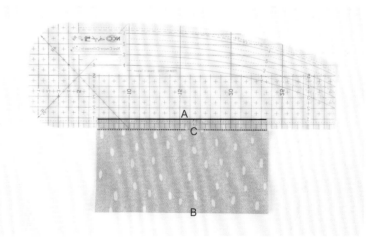

3 A下1cm處放上熨斗用定規尺，B向上摺燙至C。

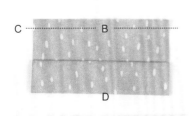

4 B反摺至D。

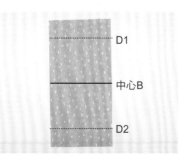

5 打開後，上下第一條燙痕（D1／D2）為接下來摺燙基準。

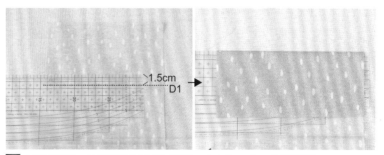

6 翻至背面，外側褶子以D1為基準，上1.5cm處，向下摺燙。

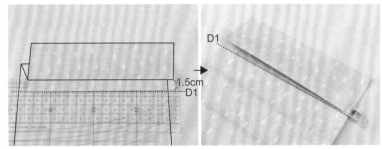
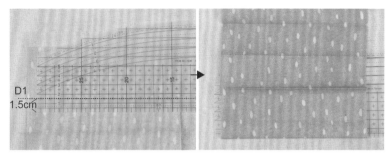

7 再以D1為基準，向上摺燙1.5cmN字型，以強力夾固定。

8 內側褶子一樣以D1為基準，下1.5cm，向上摺燙。

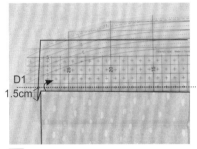
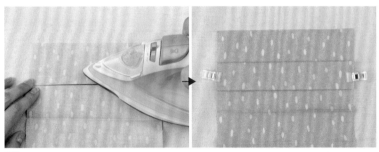

9 再以D1為基準，向上摺燙1.5cmN字型。

10 熨斗用定規尺取下後，再使用熨斗再次熨燙，以強力夾固定褶子。

11 另一側摺燙方式請參考步驟6至10。

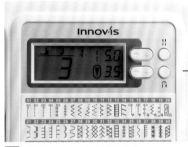
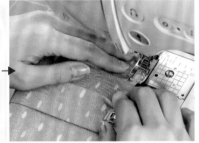
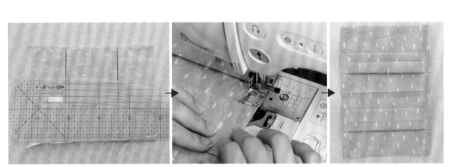
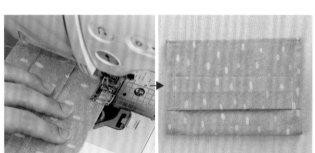

12 將褶子車縫大針目固定。

13 使用拷克機車縫兩側布邊。

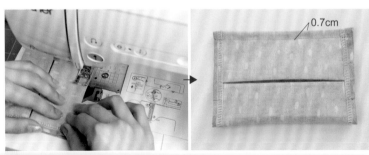

14 兩側使用熨斗用定規尺摺燙0.7至1cm，翻至正面壓固定線0.5至0.7cm。

15 背面相對，如圖示車縫底部0.3cm。

16 翻全背面，如圖示車縫0.7cm。

17 翻回正面，整燙後即完成。

打造超人氣的
北歐風圖案布系列作品
手作迷一定想學的日常包＆質感手作服

本書收錄作品由臺灣喜佳師資群團隊設計＆製作，

以Etoffe Collection×斉藤謠子老師設計的北歐風圖案布料，

推出可愛又實用的日常包＆手作服，採全圖解的照片解說，

搭配布料的特色設計作品，以圖案布的利用作為發想，

在本書中，您可以參考作者們的巧思，將現有的圖案布發揮最大功能，

完整的運用布料特色，作出專屬個人風格的各式手作。

書內附有詳細作法說明及兩大張精美紙型，採全圖解流程教學，

無論是初學者，或是略有程度的進階手作人，

皆能在此書擷取關於圖案布設計的手作小巧思，

用心感受圖案散發出的魅力，將感覺轉換成創作的靈感，

隨心所欲的大膽創作，手作人的每一天，都是嶄新的自己！

★全圖解教學＆附錄兩大張紙型

簡單＆實用，初學縫紉也ok!
布・包＆衣北歐風創意裁縫特集（全圖解）

作者： 臺灣喜佳師資群
定價：480 元
21×26cm・ 128 頁・ 全彩

製作方法
COTTON FRIEND 用法指南

作品頁

一旦決定好要製作的作品，
請先確認作品編號與作法頁。

作品編號
作法頁面

原寸紙型

原寸紙型共有A‧B‧C‧D面。

請依作品編號與線條種類尋找所需紙型。
紙型 已含縫份。
請以牛皮紙或描圖紙複寫粗線後使用。

作法頁

翻至作品對應的作法頁面，依指示製作。

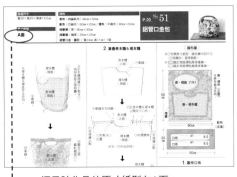

標示該作品的原寸紙型在A面。

若標示「無」，意指沒有原寸紙型，請依
標示尺寸進行作業。

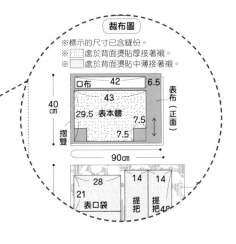

無原寸紙型時，請依「裁布圖」製作紙型
或直接裁剪。標示的數字 已含縫份。

本書使用的接著襯

Ⓥ＝日本Vilene（株）　Ⓢ＝鎌倉Swany（株）

接著鋪棉	包包用接著襯		極厚	厚	中薄	薄

接著鋪棉
單膠鋪棉Soft
アウルスママ（MK-DS-1P）
／Ⓥ
單面有膠的鋪棉，可使用熨
斗燙貼。觸感鬆軟有厚度。

包包用接著襯
Swany Medium／Ⓢ
偏硬有彈性，讓作品有
張力與維持形狀。

Swany Soft／Ⓢ
從薄布到厚布均適
用，能活用質感展

極厚
接著襯 アウルスママ
（AM-W5）／Ⓥ
厚如紙板，但彈性佳，

厚
接著襯 アウルスママ
（AM-W4）／Ⓥ
兼具硬度與厚度的扎實
形狀堅挺。

中薄
接著襯 アウルスママ
（AM-W3）／Ⓥ
富張力與韌性，兼具柔
軟度，可作小褶或細
褶與褶襉。

薄
接著襯 アウルスママ
（AM-W2）／Ⓥ
質地薄，略帶張力的自

完成尺寸	材料
直徑30cm（攤開時）	**表布**（平織布）35cm×40cm
原寸紙型	**裡布**（平織布）40cm×35cm
A面	**繩子** 寬0.4cm 120cm／**填充棉** 適量

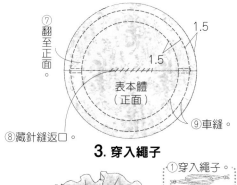

⑦翻至正面。
1.5
1.5
表本體（正面）
⑨車縫。
⑧藏針縫返口。

3. 穿入繩子

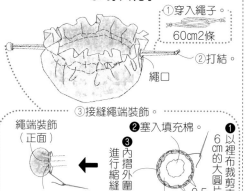

①穿入繩子。
60cm2條
②打結。
繩口

③接縫繩端裝飾。
繩端裝飾（正面）
②塞入填充棉。
❶以裡布裁剪直徑6cm的大圓片
❸進行縮縫
內摺外圍縫份
0.5
0.2
繩端裝飾（背面）
❹套入繩端，拉緊縫線加以固定。
※另一端作法亦同。

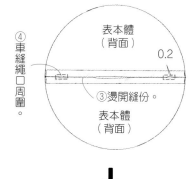

④車縫繩口周圍。
表本體（背面）
0.2
③燙開縫份。
表本體（背面）

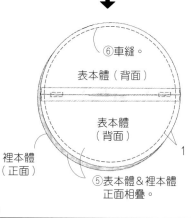

⑥車縫。
表本體（背面）
表本體（背面）
1
裡本體（正面）
⑤表本體＆裡本體正面相疊。

1. 裁布

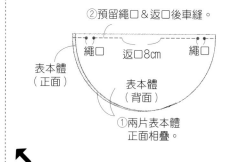

表本體（表布2片）
裡本體（裡布1片）

2. 製作本體

②預留繩口＆返口後車縫。
繩口 返口8cm 繩口
表本體（正面）
表本體（背面）
①兩片表本體正面相疊。

完成尺寸	材料
寬70×高89cm	**表布**（平織布）90cm×100cm
原寸紙型	**配布**（平織布）95cm×55cm
A面	

⑧沿摺痕重新摺疊。
⑥剪去突出部分。
⑤翻至正面。
④縫份修剪至1cm。
貼邊（背面）
1
1
中心
6.5
6.5
本體（背面）
⑦肩帶疊放於本體背面，重疊1cm車縫。
肩帶（正面）
貼邊（正面）

3. 製作口袋＆貼邊

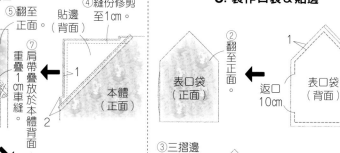

裡口袋（正面）
1
②翻至正面。
表口袋（正面）
①車縫。
表口袋（背面）
返口10cm

③三摺邊車縫。
貼邊（背面）
0.2
1.5
1

4. 製作本體

2.5
①車縫。
貼邊（背面）
本體（正面）
③沿山摺線反摺。
表口袋（正面）
33
山摺線
0.2
0.7
33
8.5
②車縫。

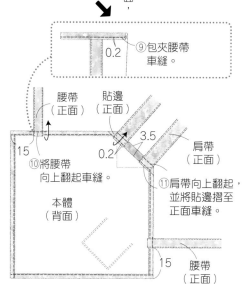

⑨包夾腰帶車縫。
0.2
腰帶（正面）
貼邊（正面）
15
3.5
0.2
肩帶（正面）
⑩將腰帶向上翻起車縫。
⑪肩帶向上翻起，並將貼邊摺至正面車縫。
本體（背面）
15
腰帶（正面）

1. 裁布

※除了表・裡口袋之外皆無原寸紙型，請依標示的尺寸（已含縫份）直接裁剪。

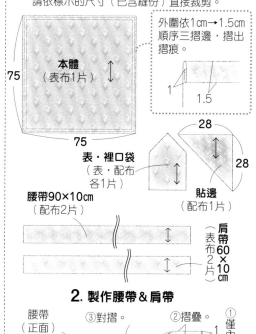

外圍依1cm→1.5cm順序三摺邊，摺出摺痕。
本體（表布1片）
75
75
1
1.5

28
表・裡口袋（表・配布各1片）
28
貼邊（配布1片）

腰帶90×10cm（配布2片）

肩帶（表布60×10cm 2片）

2. 製作腰帶＆肩帶

腰帶（正面）
③對摺
②摺疊
①僅內摺單側
1
④車縫。
0.2
※另一條腰帶＆兩條肩帶作法亦同。

完成尺寸	材料
寬12×高10×側身4cm	表布（平織布）20cm×15cm
	配布A（平織布）30cm×25cm
原寸紙型	配布B（平織布）10cm×5cm
無	單膠鋪棉 20cm×15cm／單圈 0.8cm 1個
	已燙縫份的滾邊斜布條 寬2cm 45cm
	圓繩 粗0.7cm 15cm／水兵帶 寬7mm 10cm
	包釦 2.8cm 2組／珠鏈 1條

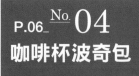

1. 裁布

※標示的尺寸已含縫份。

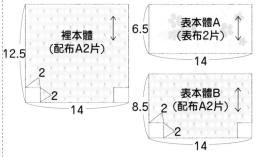

裡本體（配布A2片）12.5　14　2　2

表本體A（表布2片）6.5　14

表本體B（配布A2片）8.5　2　2　14

2. 製作杯把

斜布條（11cm）　②車縫。
①打開摺痕後對摺。
提把（背面）　1

③參見P.67 1.-③至⑤ 翻至正面。

提把（正面）

④圓繩端綁線，穿入杯把中。

提把（正面）

提把（正面）

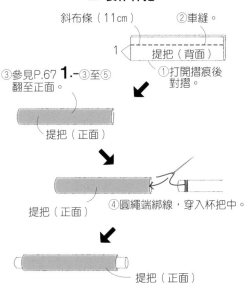

3. 製作本體

②縫份倒向上側車縫。
表本體A（正面）
表本體B（正面）
0.1

①車縫。
表本體A（背面）　1
表本體B（正面）
③於背面燙貼單膠鋪棉。

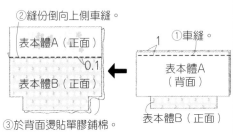

※另一片作法亦同。

④暫時車縫固定。
2.5　5
表本體A（正面）
表本體B（正面）
提把（正面）

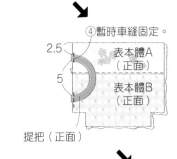

表本體（正面）
表本體（背面）　1
表本體（背面）　1
⑥燙開縫份，摺疊&車縫側身。
⑤車縫

※依步驟⑤⑥製作裡本體。

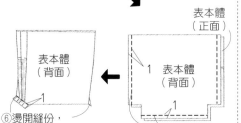

左側

⑨包覆本體&以藏針縫接縫固定。
1
表本體B（正面）

⑧沿摺痕車縫。
邊端摺入1cm重疊。
斜布條（背面）
表本體B（正面）
⑦翻至正面。

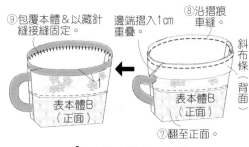

4. 接縫拉鍊&裡本體

③自脇邊線手縫至另一脇邊線。
（背面）拉鍊
①前端摺疊拉鍊
②對齊邊端。 0.5
&對齊脇邊線的上止
表本體B（正面）
※另一邊拉鍊也以相同縫法固定。

④裡本體上緣內摺1cm，再套入表本體內接縫固定。
裡本體（正面）　0.5
表本體B（正面）

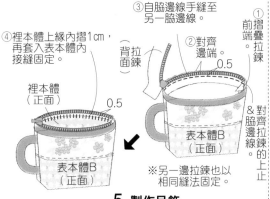

5. 製作吊飾

①以配布B製作兩顆直徑2.8cm包釦。
④珠穿鏈入。
②黏合兩個包釦。
③將水兵帶穿入單圈，以白膠黏貼固定。
包釦（正面）

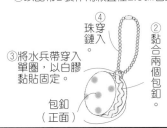

完成尺寸	材料
寬12.5×高9cm（僅本體）	表布（平織布）35cm×15cm
	單膠鋪棉 35cm×15cm
原寸紙型	鬆緊繩 粗0.3cm 30cm
A面	

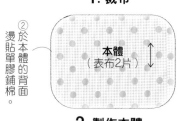

1. 裁布

②於本體的背面燙貼單膠鋪棉。
本體（表布2片）
①裁布。

2. 製作本體

①暫時車縫固定。
鬆緊繩（15cm）
0.5　0.5
本體（正面）

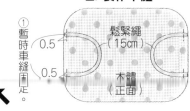

②兩片本體正面相疊。
本體（背面）
表本體（正面）
返口 8cm
③車縫。
④於圓弧處剪切口。
本體（背面）

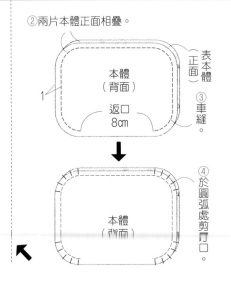

本體（正面）
⑤翻至正面，縫合返口。

完成尺寸
長126cm

原寸紙型
無

材料
表布（平織布）50cm×50cm
壓克力串珠 直徑12mm 32顆

P07_ No. 07
珠鍊

③依相同作法於左右側放入串珠＆打結。共穿入
　30顆串珠。

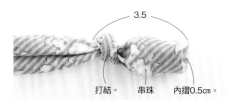

④在距尾端3.5cm處打結，放入串珠，端部內摺
　0.5cm。

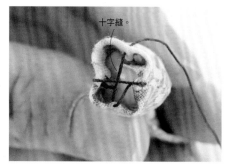

⑤摺疊邊進行十字縫。

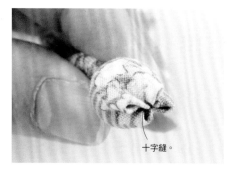

⑥拉緊縫線。另一側也依步驟④至⑥相同作法製
　作。

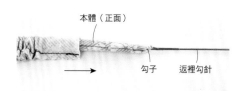

④返裡勾針往回拉，翻出本體的正面。

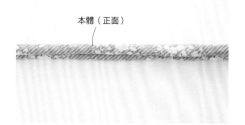

⑤本體翻至正面。

2.放入串珠

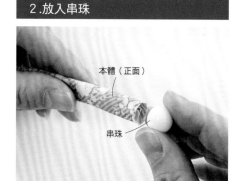

①將串珠放進本體內。

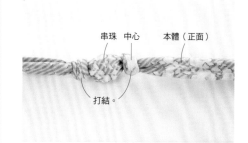

②先在本體中心處打一個結，之後每放入一顆串
　珠就打一個結。

1.製作本體

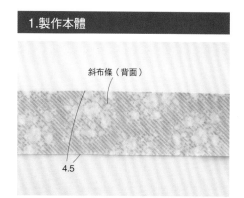

①裁剪4.5cm寬斜布條，接縫至250cm長。

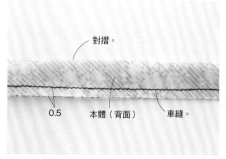

②對摺車縫。

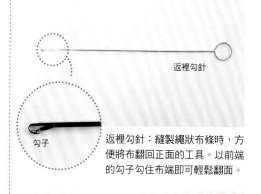

返裡勾針：縫製繩狀布條時，方
便將布翻回正面的工具。以前端
的勾子勾住布端即可輕鬆翻面。

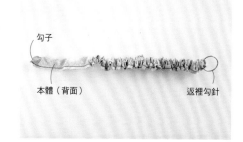

③將返裡勾針穿入本體內，以勾子勾住布端往回
　拉。

67

完成尺寸	材料
寬約10×高約10.5cm	**表布**（平織布）30cm×15cm／**鈕釦** 1cm 2個
原寸紙型	**配布**（平織布）15cm×10cm／**丸小玻璃珠** 適量
A面	**捲尺** 直徑5cm 1個／**織帶** 寬1.5cm 20cm
	單膠鋪棉 10cm×20cm／**填充棉** 適量

4. 完成！

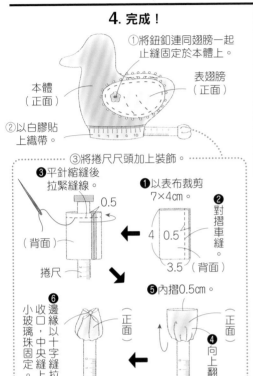

①將鈕釦連同翅膀一起止縫固定於本體上。

本體（正面）
表翅膀（正面）

②以白膠貼上織帶。

③將捲尺尺頭加上裝飾。

❸平針縮縫後拉緊縫線。

❶以表布裁剪7×4cm
❷對摺車縫

0.5
4　0.5
3.5（背面）

（背面）
捲尺

❺內摺0.5cm。
❹向上翻

❻邊緣以十字縫固定拉緊

小玻璃珠收口，中央縫上丸小玻璃珠固定。

（正面）（正面）

1. 裁布

※在背面的完成線內燙貼單膠鋪棉。

裡翅膀（配布2片）

表翅膀（配布2片）

本體（表布2片）

2. 製作本體

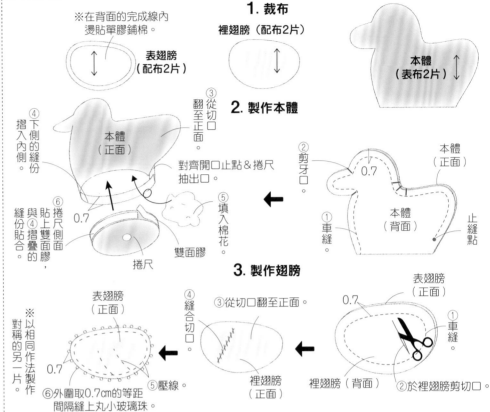

本體（正面）

③翻至正面。
④下側的縫份摺入內側。

⑥捲尺側面貼上雙面膠，④與摺疊的縫份貼合。

⑤填入棉花。

對齊開口止點＆捲尺抽出口

0.7
捲尺側面
捲尺
雙面膠

②剪牙口
0.7
本體（正面）
本體（正面）
本體（背面）

①車縫。
止縫點

3. 製作翅膀

④縫合切口。
③從切口翻至正面。

表翅膀（正面）
0.7
裡翅膀（正面）
⑤壓線。
0.7

⑥外圍取0.7cm的等距間隔縫上丸小玻璃珠。

裡翅膀（背面）
①車縫。
②於裡翅膀剪切口。

※以相同作法製作對稱的另一片。

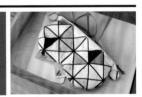
完成尺寸	材料
寬19.5×高10cm	**表布**（平紋精梳棉布）25cm×25cm
原寸紙型	**裡布**（棉布）25cm×25cm
A面	**單膠鋪棉** 25cm×25cm
	拉鍊 20cm 1條／**包釦** 2cm 4組

4. 車縫本體

②剪牙口

表本體（正面）
表本體（背面）

①表本體＆裡本體各自正面相疊車縫。

裡本體（背面）

返口7cm
1
※拉開拉鍊

裡本體（正面）

④車縫
③翻至正面，藏針縫返口。
0.3

⑥將拉鍊布帶對摺

⑦以白膠夾住拉鍊兩端黏貼固定，各以兩顆包釦固定。

表本體（正面）

⑤以表布製作4顆2cm包釦

3. 接縫拉鍊

拉鍊（背面）
0.5 對齊中央。
①暫時車縫固定。

拉鍊接縫止點
拉鍊接縫止點

表本體（正面）

0.7
②車縫。
裡本體（背面）

③翻至正面。

表本體（正面）
裡本體（背面）
表本體（正面）

④另一側作法亦同。

1. 裁布

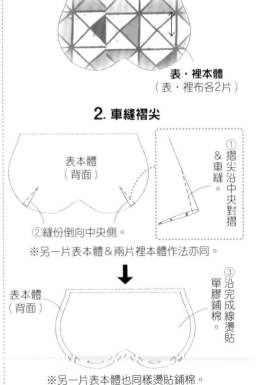

表‧裡本體（表‧裡布各2片）

2. 車縫褶尖

表本體（背面）

①摺尖沿中央對摺＆車縫。

②縫份倒向中央側。

※另一片表本體＆兩片裡本體作法亦同。

表本體（背面）

③沿完成線燙貼單膠鋪棉。

※另一片表本體也同樣燙貼鋪棉。

完成尺寸	材料
寬18.5×高36.5×側身6cm	表布（平紋精梳棉布）45cm×25cm
	配布（透氣網布）45cm×40cm
原寸紙型	
無	

1. 裁布

※標示的尺寸已含縫份。

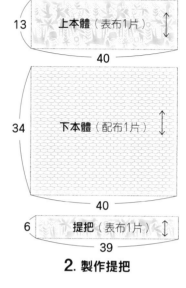

13　上本體（表布1片）
40

34　下本體（配布1片）
40

6　提把（表布1片）
39

2. 製作提把

①摺四褶。
1.5
0.2
0.2
②車縫。　提把（正面）

3. 製作本體

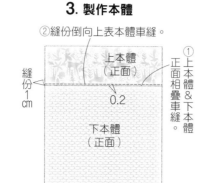

②縫份倒向上表本體車縫。
①上本體&下本體正面相疊車縫。
縫份1cm
上本體（正面）
0.2
下本體（正面）

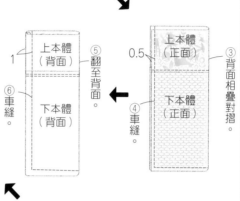

1　上本體（背面）
⑤翻至背面。
⑥車縫。
下本體（背面）

0.5　上本體（正面）
③背面相疊對摺。
④車縫。
下本體（正面）

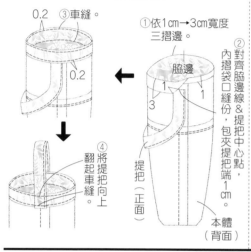

⑦翻至正面。
脇邊
脇邊
4.5
本體（正面）
本體（背面）
6
⑨剪掉。
0.5
⑩翻至背面車縫。
⑧對齊脇邊線&底線，車縫側身。

※另一側作法亦同。

4. 接縫提把

0.2　③車縫。
0.2
脇邊

①依1cm→3cm寬度三摺邊。
3
1　脇邊　1
3
提把（正面）

②對齊脇邊線&提把中心點，內摺袋口縫份，包夾提把端1cm。
本體（背面）

④將提把向上翻起車縫。

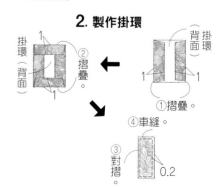

完成尺寸	材料
寬約13×高約13cm（攤開時）	表布（平織布）35cm×15cm
	單膠鋪棉 15cm×15cm
原寸紙型	不織布（灰色）15cm×15cm
A面	按釦 7mm 1組

1. 裁布

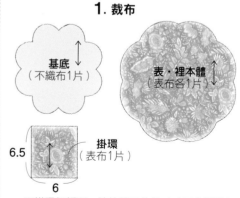

基底（不織布1片）
表・裡本體（表布各1片）

6.5　掛環（表布1片）
6

※掛環無紙型，請依標示的尺寸（已含縫份）直接裁剪。

2. 製作掛環

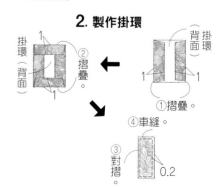

掛環（背面）
1　1
①摺疊

掛環（背面）
掛環（正面）
1　1
②摺疊

③對摺
0.2

④車縫。

3. 製作本體

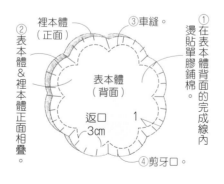

①在表本體背面的完成線內燙貼單膠鋪棉。
②表本體&裡本體正面相疊。
③車縫。
裡本體（正面）
表本體（背面）
返口3cm
1
④剪牙口。

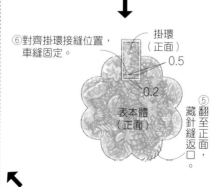

⑥對齊掛環接縫位置，車縫固定。
掛環（正面）
0.5
0.2
⑤翻至正面，藏針縫返口。
表本體（正面）

裡本體（正面）
基底（正面）
⑦疊放基底，以手縫固定。

⑧縫上按釦。

裡本體（正面）
1
掛環（正面）
按釦（凸）
表本體（正面）

按釦（凹）

完成尺寸	材料
寬7×高15cm	表布（平織布）15cm×15cm
原寸紙型	裡布（平織布）15cm×15cm
無	單膠鋪棉 15cm×15cm
	水兵帶 寬0.5cm 15cm／丸小玻璃珠 適量

1. 裁布

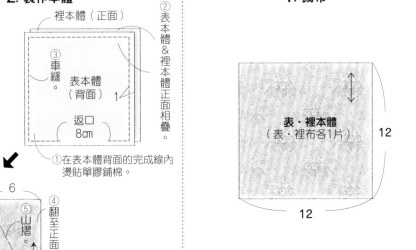

裡本體（正面）

② 表本體 & 裡本體正面相疊。

裡本體（正面）
③ 車縫。
表本體（背面）
返口 8cm
① 在表本體背面的完成線內燙貼單膠鋪棉。

表·裡本體
（表·裡布各1片）
12
12

表本體（正面）
④ 翻至正面。
⑤ 山摺
6
6
⑤ 山摺
⑥ 藏針縫返口。

2. 製作本體

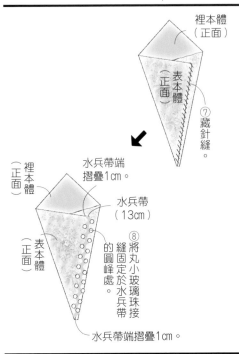

裡本體（正面）

表本體（正面）

⑦ 藏針縫。

裡本體（正面）

水兵帶端摺疊1cm。

水兵帶（13cm）

表本體（正面）

⑧ 將丸小玻璃珠縫固定於水兵帶接縫的圓峰處。

水兵帶端摺疊1cm。

完成尺寸	材料
寬2.3×圓周28cm（鬆緊帶）	表布（棉布）10cm×10cm
原寸紙型	橢圓形包釦胸針底托·45　1個
A面	鬆緊帶 寬2.3cm 30cm

1.製作包釦

部件A　部件B

橢圓形包釦胸針底托

表布（正面）　紙型

胸針

① 依紙型裁剪本體。

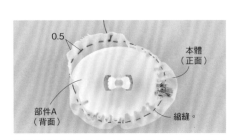

0.5
本體（正面）
部件A（背面）
縮縫。

②在距本體外圍0.6cm處平針縮縫，再將部件A背面朝上置於中央。

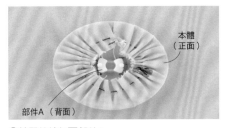

本體（正面）

部件A（背面）

③拉緊縫線包覆部件A。

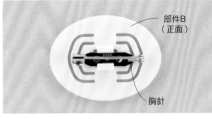

部件B（正面）

胸針

④將附件胸針置於部件B正面的突起下方。

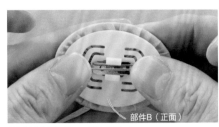

部件B（正面）

⑤將部件B與步驟③的部件A嵌合。

包釦（正面）

⑥完成包釦製作。

2.完成！

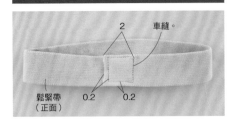

2
車縫。
鬆緊帶（正面）
0.2　0.2

①30cm鬆緊帶接合成輪狀，重疊2cm車縫固定。

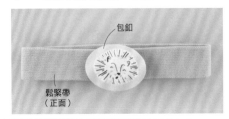

包釦
鬆緊帶（正面）

②別上包釦胸針，遮住鬆緊帶接合處。

完成尺寸	材料
寬20×高10cm	表布（亞麻布）50cm×15cm
	配布（平紋精梳棉布）55cm×30cm
原寸紙型	單膠鋪棉 50cm×15cm／鬆緊帶 寬1cm 40cm
A面	星形亮片・丸小玻璃珠 適量

④正面相對
疊上斜布條。

⑤沿摺痕車縫。

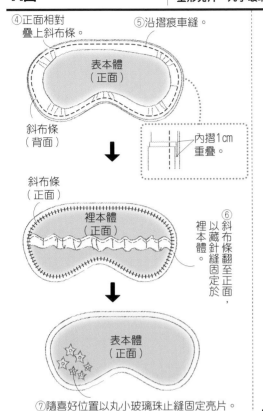

表本體
（正面）

斜布條
（背面）

內摺1cm
重疊。

斜布條
（正面）

裡本體
（正面）

⑥斜布條翻至正面，以藏針縫固定於裡本體。

表本體
（正面）

⑦隨喜好位置以丸小玻璃珠止縫固定亮片。

0.2

繫帶（正面）

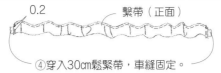

④穿入30cm鬆緊帶，車縫固定。

3. 製作本體

表本體
（背面）

裡本體（正面）

繫帶（正面）

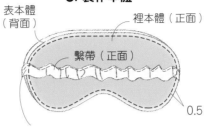

0.5

①表・裡本體背面相疊，繫帶疊至接縫位置暫時車縫固定。

③對摺。

斜布條（正面）

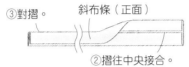

②摺往中央接合。

1. 裁布

※繫帶無原寸紙型，請依標示的尺寸（已含縫份）直接裁剪。

表・裡本體
（表布2片）

於背面燙貼單膠鋪棉。

5

繫帶
（配布1片）

50

※以配布裁剪寬3cm長60cm的斜布條。

2. 製作繫帶

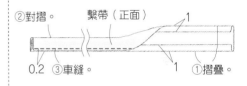

②對摺。

繫帶（正面）

1

0.2 ③車縫。

1

①摺疊。

完成尺寸	材料
寬8×高25×側身6cm	表布（平紋精梳棉布）35cm×35cm
	裡布（保溫鋁箔布）35cm×35cm
原寸紙型	單膠鋪棉 35cm×35cm／棉織帶 寬2cm 45cm
A面	FLATKNIT拉鍊 長35cm 1條

⑩摺疊＆車縫側身。

⑫拉鍊側是摺疊表裡側身一起車縫。

裡本體
（背面）

裡本體
（背面）

1

1

裡本體
（背面）

1

表本體
（背面）

1

背面 拉鍊

拉鍊面

表本體
（正面）

表本體
（背面）

於接縫位置夾入長43cm棉織帶。

⑪摺疊＆車縫側身。

⑬剪掉多餘的拉鍊。

3. 完成！

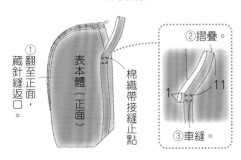

①翻至正面，藏針縫返口。

表本體
（正面）

棉織帶接縫止點

②摺疊。

1 11

③車縫。

③剪牙口。

表本體
（正面）

裡本體
（背面）

0.7

②重疊裡本體車縫。

裡本體
（背面）

0.7

拉鍊接縫止點

表本體
（正面）

裡本體
（背面）

拉鍊（背面）

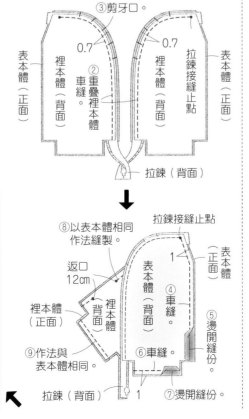

⑧以表本體相同作法縫製。

拉鍊接縫止點

返口
12cm

裡本體
（正面）

表本體
（背面）

表本體
（正面）

1

裡本體
（背面）

④車縫。

⑤燙開縫份

⑨作法與表本體相同。

⑥車縫。

拉鍊（背面）

1

⑦燙開縫份。

1. 裁布

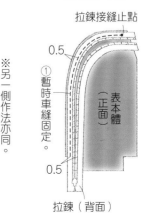

表・裡本體
（表・裡布各1片）

※於表本體背面燙貼單膠鋪棉。

2. 製作本體

拉鍊接縫止點

0.5

①暫時車縫固定。

表本體
（正面）

※另一側作法亦同。

0.5

拉鍊（背面）

完成尺寸
寬9×高7×側身7cm

原寸紙型
B面

材料
表布（平織布）25cm×25cm
裡布（平織布）25cm×25cm
單膠鋪棉 25cm×25cm
塑膠四合釦 14mm 1組

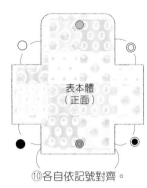

⑩各自依記號對齊。

↓

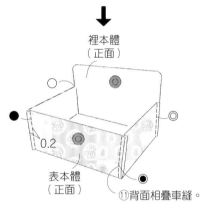

裡本體（正面）

0.2

表本體（正面）

⑪背面相疊車縫。

④於圓弧處剪牙口。

裡本體（正面）

⑤於直角處剪牙口。

表本體（背面）

⑥修剪四個邊角。

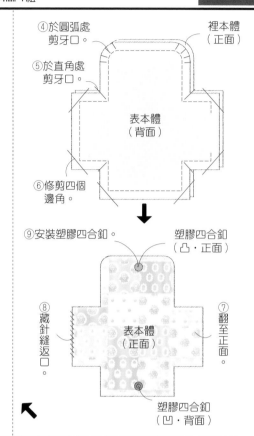

↓

⑨安裝塑膠四合釦。

塑膠四合釦（凸・正面）

⑧藏針縫返口。

表本體（正面）

⑦翻至正面。

塑膠四合釦（凹・背面）

1. 裁布

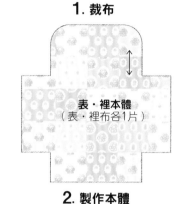

表・裡本體（表・裡布各1片）

2. 製作本體

①在表本體背面的完成線內燙貼單膠鋪棉。

②表本體&裡本體正面相疊。

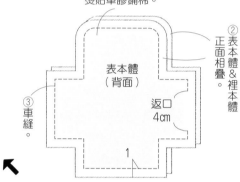

表本體（背面）

返口4cm

③車縫。

1

完成尺寸
寬9.8×高3.3×側身3cm

原寸紙型
無

材料
表布（平織布）25cm×10cm
裡布（平織布）25cm×10cm
印章盒 1組

表本體

裡本體

③盒身內側貼上裡本體，再剪去多餘部分。

裡本體（正面）

※另一側盒身作法亦同。

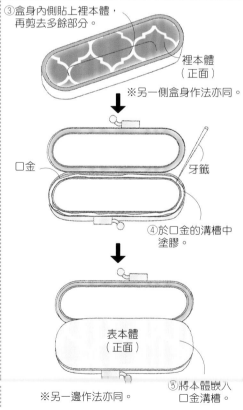

口金

牙籤

④於口金的溝槽中塗膠。

↓

表本體（正面）

⑤將本體嵌入口金溝槽。

※另一邊作法亦同。

1. 裁布
※標示的尺寸已含縫份。

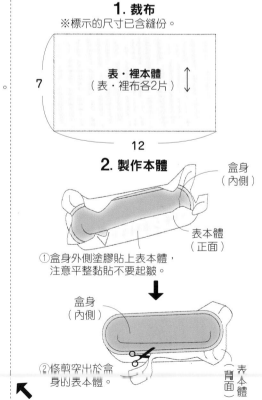

表・裡本體（表・裡布各2片）

7

12

2. 製作本體

盒身（內側）

①盒身外側塗膠貼上表本體，注意平整黏貼不要起皺。

表本體（正面）

↓

盒身（內側）

②修剪突出於盒身的表本體。

表本體（背面）

完成尺寸	材料	
寬9×高14cm	表布（平織布）20cm×20cm	P.10 No. 16
	配布（平織布）35cm×25cm	**彈片口金面紙套**
原寸紙型	彈片口金 寬10cm 1個	
無		

1. 裁布

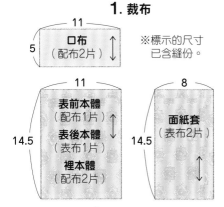

11
口布（配布2片）↑
5

※標示的尺寸已含縫份。

11
表前本體（配布1片）↑
表後本體（表布1片）
裡本體（配布2片）
14.5

8
面紙套（表布2片）↑
14.5

2. 製作面紙套

①依1cm→1cm寬度三摺邊。

面紙套（背面）
0.2
②車縫。

※另一片作法亦同。

面紙套（正面）
表後本體（背面）
③車縫。
1

④參見P.28 **1.**-③、④製作裡本體，並與表本體相疊。

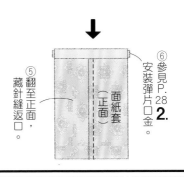

⑤翻至正面，藏針縫結返口。
面紙套（正面）
⑥參見P.28 **2.** 安裝彈片口金。

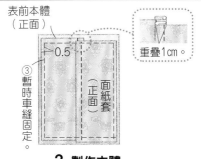

表前本體（正面）
0.5
③暫時車縫固定。
面紙套（正面）
重疊1cm。

3. 製作本體

①參見P.28 **1.**-①製作口布。

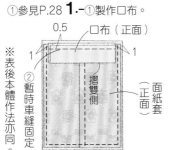

0.5
口布（正面）
②暫時車縫固定。
摺雙側
面紙套（正面）
1
※表後本體作法亦同。

完成尺寸	材料	P.10 No. 18

完成尺寸	材料	
寬20×高16×側身12cm	表布（亞麻布）75cm×30cm	P.10 No. 18
	裡布（平織布）75×30cm	**便當袋**
原寸紙型	配布（平織布）45×40cm	
無	隱形磁釦 直徑1.5cm 1組	

1. 裁布

※標示的尺寸已含縫份。

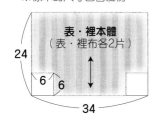

表·裡本體（表·裡布各2片）↑
24
6 6
34

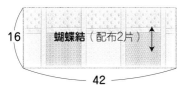

16
蝴蝶結（配布2片）↑
42

2. 製作蝴蝶結

1
②車縫。
8
蝴蝶結（背面）
①對摺。

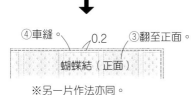

④車縫。
0.2
③翻至正面。
蝴蝶結（正面）

※另一片作法亦同。

3. 製作表本體＆裡本體

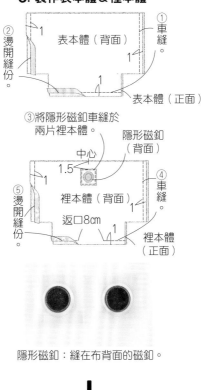

①車縫。
②燙開縫份。
表本體（背面）
1
1
1
表本體（正面）

③將隱形磁釦車縫於兩片裡本體。
隱形磁釦（背面）
中心
1.5
④車縫。
⑤燙開縫份。
裡本體（背面）
返口8cm
裡本體（正面）
1

隱形磁釦：縫在布背面的磁釦。

表本體（背面）
脇邊
1
⑥摺疊＆車縫側身。

※另一側＆裡本體作法亦同。

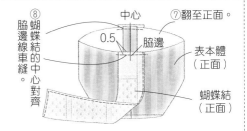

⑧脇邊線車縫的中心對齊
蝴蝶結的中心對齊
中心
0.5
⑦翻至正面。
脇邊
表本體（正面）
蝴蝶結（正面）

4. 套疊表本體·裡本體

①表本體＆裡本體正面相對套疊。
表本體（背面）
1
②車縫。
裡本體（背面）

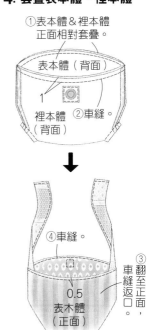

④車縫。
③車縫返口翻至正面，藏針縫結返口。
0.5
表本體（正面）

咖啡濾紙收納袋

完成尺寸	材料
寬20×17cm（不含掛環）	**表布**（平織布）50cm×30cm
縫製方法	**裡布**（棉布）45cm×30cm
B面	**塑膠四合釦** 1.4cm 1組

1. 裁布

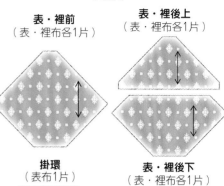

表・裡前（表・裡布各1片）

表・裡後上（表・裡布各1片）

表・裡後下（表・裡布各1片）

掛環（表布1片）
4
12

※掛環無原寸紙型，請依標示的尺寸（已含縫份）直接裁剪。

2. 製作掛環

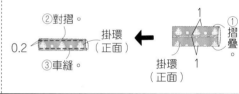

②對摺。
0.2
③車縫。
掛環（正面）
①摺疊。
掛環（正面）
1
1

3. 製作後片

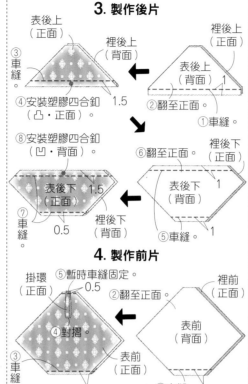

表後上（正面）
裡後上（正面）
裡後上（背面）
③車縫。
表後上（背面）
②翻至正面。
①車縫。
1
1.5
④安裝塑膠四合釦（凸・正面）。
⑧安裝塑膠四合釦（凹・背面）。
表後下（正面）
1.5
⑥翻至正面。
裡後下（正面）
表後下（背面）
1
⑦車縫。
0.5
裡後下（背面）
⑤車縫。
1

4. 製作前片

掛環（正面）
⑤暫時車縫固定。
0.5
②翻至正面。
裡前（正面）
④對摺
表前（正面）
表前（背面）
③車縫。
①車縫。
1
1

5. 縫合前後片

①車縫。
裡後上（正面）
1
表前（正面）
裡後下（正面）
②兩片一起進行Z字形車縫。

③翻至正面。
掛環（正面）
表後上（正面）
表後下（正面）

餐盤提袋

完成尺寸	材料
直徑45cm	**表布**（平織布）60cm×50cm
原寸紙型	**裡布**（平織布）100cm×65cm
B面	**鈕釦** 2.3cm 6顆

1. 裁布

※鈕釦環、提把A・B無紙型，請依標示的尺寸（已含縫份）直接裁剪。

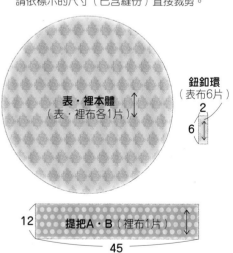

表・裡本體（表・裡布各1片）

鈕釦環（表布6片）
2
6

提把A・B（裡布1片）
12
45

2. 製作提把A・B與鈕釦環

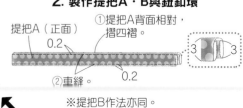

提把A（正面）
①提把A背面相對，摺四褶。
0.2
②車縫。
0.2
3 3
※提把B作法亦同。

3. 製作本體

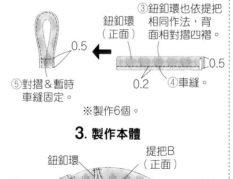

③鈕釦環也依提把相同作法，背面相對摺四褶。
鈕釦環（正面）
0.5
0.2
④車縫。
0.5
⑤對摺＆暫時車縫固定。
※製作6個。

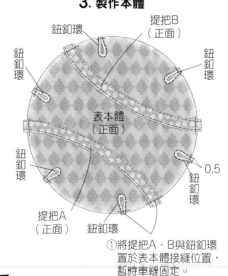

提把B（正面）
鈕釦環
鈕釦環
鈕釦環
表本體（正面）
鈕釦環
0.5
提把A（正面）
鈕釦環
①將提把A・B與鈕釦環置於表本體接縫位置，暫時車縫固定。

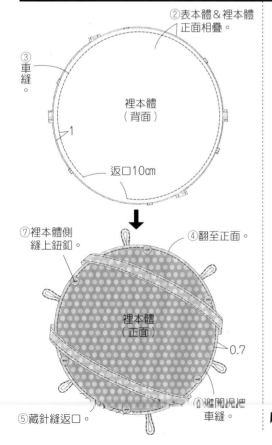

②表本體＆裡本體正面相疊。
③車縫。
裡本體（背面）
1
返口10cm

⑦裡本體側縫上鈕釦
④翻至正面。
裡本體（正面）
0.7
⑤藏針縫返口。
⑥翻開提把車縫。

1. 裁布

※表・裡本體無原寸紙型，請依標示的尺寸（已含縫份）直接裁剪。
※於表本體＆表袋蓋背面燙貼接著襯。

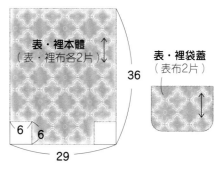

表・裡本體（表・裡布各2片） 36
表・裡袋蓋（表布2片）
6 6
29

2. 製作袋蓋

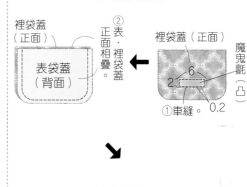

裡袋蓋（正面）
②表・裡袋蓋正面相疊
裡袋蓋（正面）
魔鬼氈（凸）
表袋蓋（背面）
2 6
①車縫。 0.2

0.2 表袋蓋（正面）
③翻至正面車縫。

3. 製作表本體＆裡本體

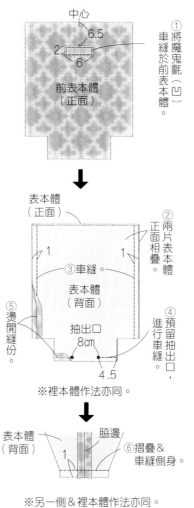

中心
6.5
2 6
前表本體（正面）
①將魔鬼氈車縫於前表本體（凹）。

表本體（正面）
②兩片表本體正面相疊
1 1
③車縫。
表本體（背面）
抽出口 8cm
⑤燙開縫份。
④預留抽出口，進行車縫。
4.5

※裡本體作法亦同。

表本體（背面）
脇邊
1
⑥摺疊＆車縫側身。

※另一側＆裡本體作法亦同。

4. 套疊表本體＆裡本體

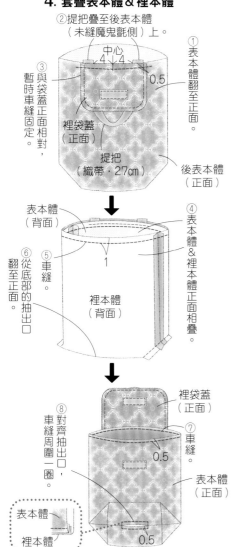

②提把疊至後表本體（未縫魔鬼氈側）上。
中心
4 4
③與袋蓋正面相對，暫時車縫固定。
裡袋蓋（正面）
①表本體翻至正面。
提把（織帶・27cm）
後表本體（正面）
0.5

表本體（背面）
⑥從底部的抽出口翻至正面。
⑤車縫。
④表本體＆裡本體正面相疊。
裡本體（背面）
1

裡袋蓋（正面）
⑧對齊抽出口，車縫周圍一圈。
⑦車縫。
0.5
表本體（正面）

表本體（正面）
裡本體
0.5

---

1. 裁布

※標示的尺寸已含縫份。

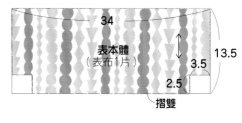

34
表本體（表布1片）
13.5
3.5
2.5
摺雙

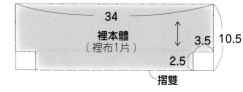

34
裡本體（裡布1片）
10.5
3.5
2.5
摺雙

2. 製作本體

②車縫。
表本體（背面）
1
①對摺。

※本體作法亦同。

③燙開縫份。
表本體（背面）
1
④摺疊＆車縫側身。

※另一側＆裡本體作法亦同。

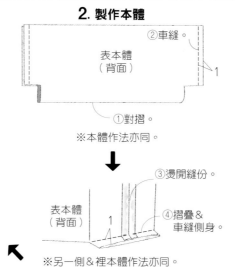

⑥依1cm→2cm寬度三摺邊。
裡本體（正面）
0.2 2
表本體（正面）
⑦車縫。
表本體（正面）
裡本體（正面）
1
⑤表本體翻至正面，放入裡本體。

裡本體（正面）
塑膠四合釦（凸・背面）
中心
6.5 6.5
1
表本體（正面）
塑膠四合釦（凹・正面）
⑧安裝塑膠四合釦。

75

完成尺寸	材料	**雜貨包**
寬35×高19×側身15cm	表布（牛津片）100cm×60cm	
原寸紙型	裡布（棉布）100cm×50cm	
B面	接著襯（厚）100cm×50cm	
	棒針 約34cm 2根／棒針套 4個	

1. 裁布

※口布＆口袋無原寸紙型，請依標示的尺寸（已含縫份）直接裁剪。
※於表本體＆表側身背面燙貼接著襯。

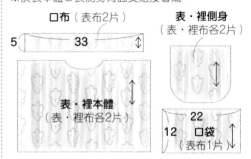

口布（表布2片）
5　33

表・裡側身（表・裡布各2片）

表・裡本體（表・裡布各2片）

22　12　口袋（表布1片）

2. 製作口布

①摺疊邊端。
②車縫。
0.5　口布（背面）　1

③對摺。　④車縫。　1
口布（背面）　9.5　9.5
⑤於縫份上剪牙口。

※另一片作法亦同。

口布（正面）　⑥翻至正面。

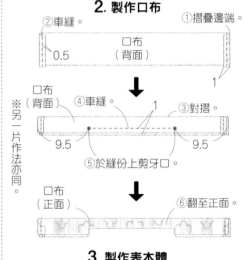

3. 製作表本體

②依1cm→2cm寬度三摺邊車縫。

①Z字形口袋周圍車縫進行。

表本體（正面）
④車縫。
0.3　0.3　口袋（背面）
③摺疊。　1

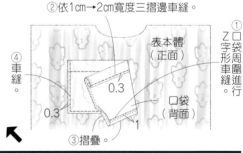

4. 製作裡本體

②燙開縫份。
裡本體（背面）
裡本體（正面）
返口20cm
①車縫。　1

③側身也依3.-⑧、⑨相同作法車縫。

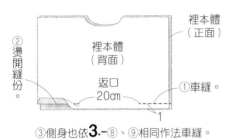

⑤暫時車縫固定。
1　1　0.5
口布接縫止點　口布接縫止點
表本體（正面）　口袋（正面）

※另一片作法亦同。

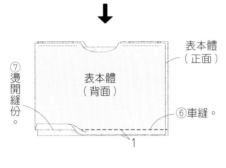

⑦燙開縫份。
表本體（背面）　表本體（正面）
⑥車縫。　1

側身接縫止點　表側身（正面）　表本體（正面）
表本體（背面）　表側身（背面）
⑨表本體＆表側身正面相疊車縫。
⑧於本體側的縫份上剪牙口。　1
⑩翻至正面。

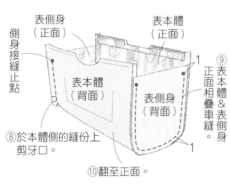

5. 套疊表本體＆裡本體

不要車縫到口布的中段提把處，將它放進更深的內裡。

①將表本體放進裡本體內，車縫至側身接縫止點。
避開側身的縫份車縫。
裡本體（背面）　側身接縫止點　1

②避開本體側的縫份，車縫至完成線。
裡本體（背面）　1
※另一側作法亦同。

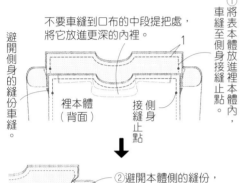

③翻至正面，藏針縫返口。
⑤棒針穿進口布，再套上棒針套。
口布（正面）　④車縫。　0.3
表本體（正面）

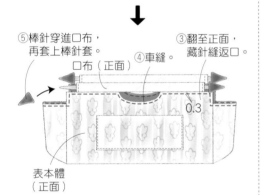

完成尺寸	材料	**眼鏡袋**
寬9×高18cm	表布（壓棉布）25cm×25cm	
原寸紙型	裡布（平織布）25cm×25cm	
C面		

1. 裁布

裡本體（裡布1片）　表本體（表布1片）

2. 製作本體

①表本體＆裡本體正面相疊。
裡本體（正面）
表本體（背面）
②車縫。
返口8cm

裡本體（正面）
④摺疊
表本體（正面）　0.2
⑤車縫。

⑦翻至正面，內摺返口縫份。

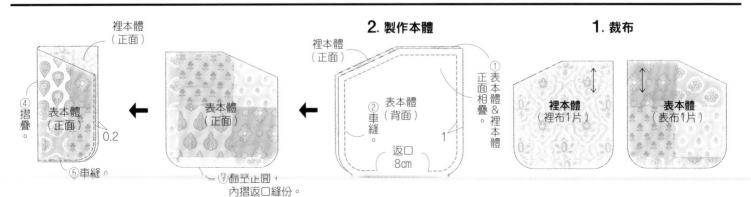

多隔層拉錬波奇包

完成尺寸	材料
寬18×高13×側身6cm	表布（平織布）70cm×35cm
原寸紙型	裡布（亞麻布）90cm×55cm
無	單膠鋪棉 70cm×35cm／接著襯（薄）60cm×30cm
	拉錬 20cm 2條

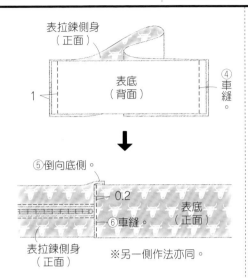

表拉錬側身（正面）

表底（背面）

④車縫。

1

⑤倒向底側。

0.2

表底（正面）

⑥車縫。

表拉錬側身（正面）

※另一側作法亦同。

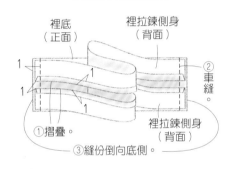

4. 製作裡拉錬側身

裡底（正面）

裡拉錬側身（背面）

②車縫

1 1 1 1

①摺疊。

裡拉錬側身（背面）

③縫份倒向底側。

5. 製作本體

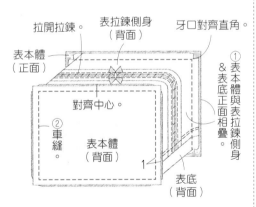

拉開拉錬

表拉錬側身（背面）

牙口對齊直角。

表本體（正面）

①表本體＆表拉錬側身＆表底正面相疊。

對齊中心。

②車縫。

表本體（背面）

1

表底（背面）

※裡本體與裡拉錬側身＆裡底作法亦同。

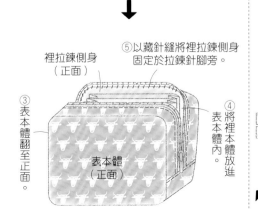

裡拉錬側身（正面）

⑤以藏針縫將裡拉錬側身固定於拉錬針腳旁。

③表本體翻至正面。

④將裡本體放進表本體內。

表本體（正面）

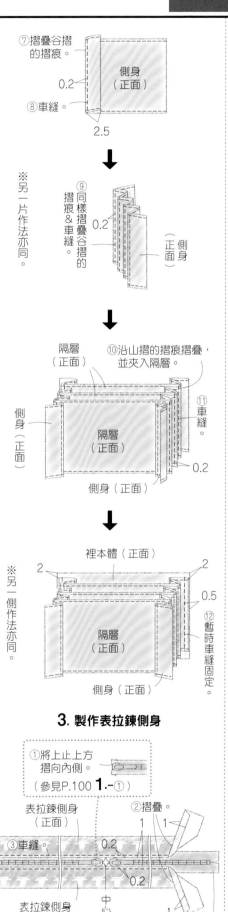

⑦摺疊谷摺的摺痕。

0.2

側身（正面）

⑧車縫。

2.5

※另一片作法亦同。

⑨同樣摺疊谷摺的摺痕＆車縫。

0.2

側身（正面）

隔層（正面）

⑩沿山摺的摺痕摺疊，並夾入隔層。

側身（正面）

⑪車縫。

隔層（正面）

0.2

側身（正面）

裡本體（正面）

2 2

隔層（正面）

0.5

⑫暫時車縫固定

※另一側作法亦同。

側身（正面）

3. 製作表拉錬側身

①將上止上方摺向內側。（參見P.100 1.-①）

②摺疊

1 1

表拉錬側身（正面）

③車縫。

0.2

0.2

表拉錬側身（正面）

中心

拉錬（正面）

1

---

1. 裁布

※標示的尺寸已含縫份。
※於表布背面燙貼單膠鋪棉，隔層背面燙貼接著襯。
※於︱處剪0.8cm牙口。

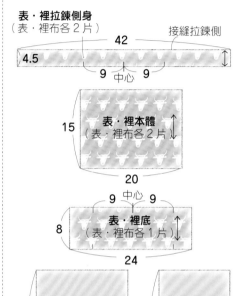

表・裡拉錬側身（表・裡布各2片）

接縫拉錬側

42

4.5

9 中心 9

表・裡本體（表・裡布各2片）

15

20

9 中心 9

表・裡底（表・裡布各1片）

8

24

隔層（裡布3片）

24

18

側身（裡布2片）

24

14

2. 製作隔層＆側身

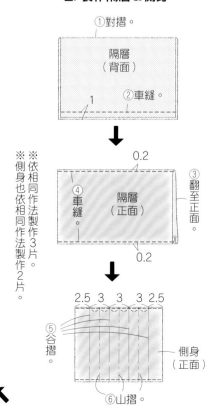

①對摺。

隔層（背面）

②車縫。

1

0.2

④車縫

隔層（正面）

③翻至正面。

0.2

※依相同作法製作3片。
※側身也依相同作法製作2片。

2.5 3 3 3 2.5

⑤谷摺

隔層（正面）

側身（正面）

⑥山摺。

完成尺寸	材料	P.11_ No.26
寬64×長約50cm	表布（平織布）110cm×80cm	
原寸紙型	包用織帶 寬2.5cm 130cm	打摺包
C面	圓鬆緊帶 粗0.2cm 20cm	

④暫時車縫固定。　③蛇腹摺成4cm寬。

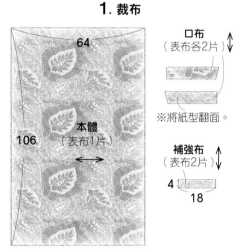

1. 裁布

口布
（表布各2片）

64

※將紙型翻面。

補強布
（表布2片）

4
18

本體
（表布1片）

106

※本體&補強布無原寸紙型，
　請依標示的尺寸（已含縫份）直接裁剪。

3. 接縫口布

①摺疊。
②摺疊。
1
1　口布（背面）

口布（背面）　0.7
0.1 → 0.8

①依0.7cm→0.8cm
寬度三摺邊車縫。

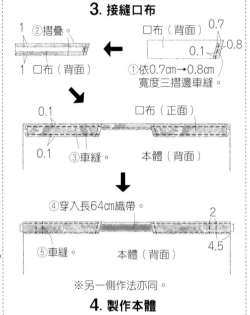

0.1
0.1　口布（正面）
③車縫。　本體（背面）

④穿入長64cm織帶。
2
⑤車縫。　本體（背面）　4.5

※另一側作法亦同。

4. 製作本體

②摺成4cm寬。
4
本體（背面）
①沿著口布邊線摺疊。

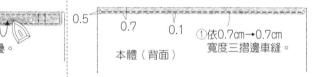

2. 車縫本體上方布邊

0.5
0.7　0.1
本體（背面）
①依0.7cm→0.7cm
寬度三摺邊車縫。

5. 完成！

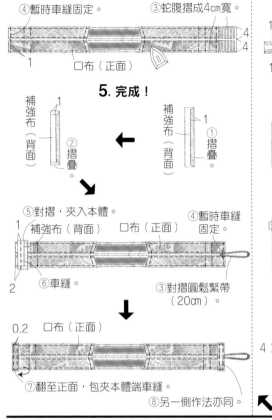

補強布（背面）
②摺疊。
1
①摺疊。
補強布（背面）

⑤對摺，夾入本體。
1　補強布（背面）　口布（正面）
2　⑥車縫。

④暫時車縫固定。
2
4.5
③對摺圓鬆緊帶（20cm）

0.2　口布（正面）

⑦翻至正面，包夾本體端車縫。
⑧另一側作法亦同。

完成尺寸	材料	P.12_ No.30
寬42×長20cm	表布（牛津布）90cm×25cm／接著襯（極厚）30cm×25cm	
原寸紙型	PU膠板（厚0.5cm）30cm×25cm	歇腳吊床
C面	日型環・口型環 3cm 各1個／塑膠插扣 3cm 1組	
	包用織帶 寬3cm 150cm	

1. 裁布

②於一片本體的背面
燙貼接著襯。
①裁剪。
1　本體（表布2片）

本體（背面）
26
20

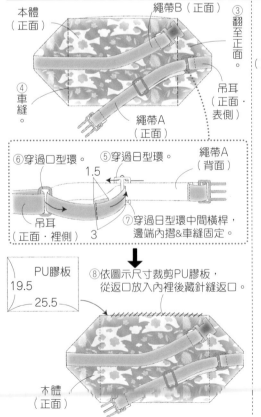

本體（正面）
繩帶B（正面）
③翻至正面。
④車縫。
繩帶A（正面）
吊耳（正面・表側）
吊耳（正面・裡側）
繩帶B（背面）

⑥穿過口型環。　⑤穿過日型環。
1.5
繩帶A（背面）
吊耳（正面・裡側）
3
⑦穿過日型環中間橫桿，邊端內摺&車縫固定。

PU膠板
19.5
25.5

⑧依圖示尺寸裁剪PU膠板，
從返口放入內裡後藏針縫返口。

本體（正面）

3. 製作本體

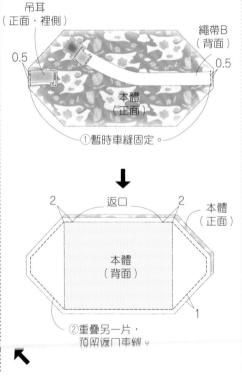

吊耳（正面・裡側）
0.5
繩帶B（背面）
0.5
本體（正面）
①暫時車縫固定。

2　返口　2
本體（正面）
本體（背面）
1
②重疊另一片，
預留返口車縫。

2. 製作繩帶

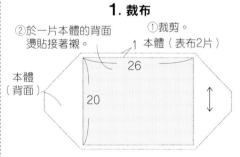

插扣（凹）
3
①穿進織帶。
1
④摺疊車縫。　0.2
繩帶B（織帶38cm）

插扣（凸）
3　①穿進織帶。
1
②摺疊車縫。　0.2
繩帶A（織帶62cm）

⑥暫時車縫固定。
吊耳（織帶10cm）
口型環
0.5
⑤穿進織帶後對摺。

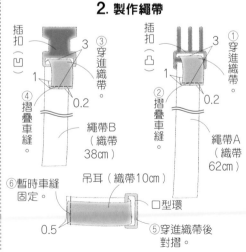

本體（正面）

燜燒罐提袋

完成尺寸	材料
寬22×高25×側身11cm	表布（牛津布）55cm×40cm
原寸紙型	裡布（棉布）55cm×40cm／單膠鋪棉 55cm×40cm
無	塑膠插扣 2.5cm 1組
	包用織帶 寬2.5cm 70cm

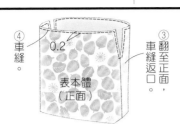

④ 車縫。 0.2
③ 車縫至正面返口。翻至正面，

表本體（正面）

4. 接縫提把

塑膠插扣（凹）　織帶（67cm）
2 0.5　6.5
①穿過塑膠插扣後，車縫固定。

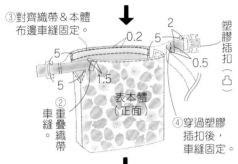

③對齊織帶＆本體布邊車縫固定。
0.2　5　2
5
1.5
5
②車縫重疊織帶。
塑膠插扣（凸）
0.5
④穿過塑膠插扣後，車縫固定。
表本體（正面）

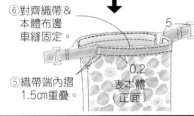

⑥對齊織帶＆本體布邊車縫固定。
5
⑤織帶端內摺1.5cm重疊。
0.2
表本體（正面）

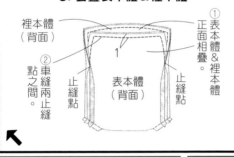

8　8
止縫點
④將正面兩片相疊。
裡本體（背面）
返口 10cm
1　裡本體（正面）　1
⑤預留返口車縫。

⑥燙開脇邊＆底部的縫份。
表本體（背面）
脇邊
⑦摺疊＆車縫側身。
1
※另一側＆裡本體作法亦同。

3. 套疊表本體＆裡本體

裡本體（背面）
①正面相疊
表本體＆裡本體
1
②點之間車縫兩止縫點之間。
止縫點
止縫點
表本體（背面）

1. 裁布

※標示的尺寸已含縫份。
※於表本體背面燙貼單膠鋪棉。

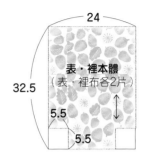

24
表・裡本體（表・裡布各2片）
32.5
5.5
5.5

2. 製作表本體＆裡本體

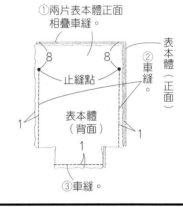

①兩片表本體正面相疊車縫。
8　8
止縫點
②車縫
表本體（正面）
表本體（背面）
1　1
③車縫。

襯衫造型袖珍面紙套

完成尺寸	材料
寬10×高13cm	表布（平織布）55cm×20cm
原寸紙型	鈕釦 1cm 3個
C面	

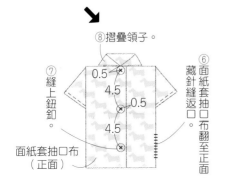

④疊放上裡本體，車縫一圈。
⑤將裡本體側翻至正面，面紙套抽口布藏針縫返口。
裡本體（正面）
裡本體（背面）
返口 4cm
0.7

⑧摺疊領子。
0.5　4.5　0.5　4.5
⑦縫上鈕釦。
⑥面紙套抽口布藏針縫返口。面紙套抽口布翻至正面。
面紙套抽口布（正面）

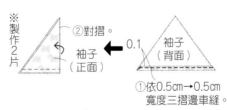

※製作2片
②對摺。
袖子（正面）
0.1
袖子（背面）
①依0.5cm→0.5cm寬度三摺邊車縫。

3. 製作本體

②兩片面紙套抽口布縱向對摺重疊。
摺雙側　領子（正面）
0.5
面紙套抽口布（正面）　面紙套抽口布（正面）
左側朝上　摺雙側
表本體（正面）

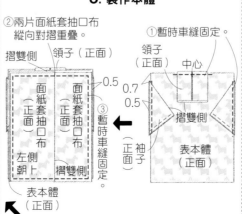

①暫時車縫固定。
領子（正面）
中心
0.7
0.5
③暫時車縫固定。
摺雙側
袖子（正面）
表本體（正面）

1. 裁布

※除了袖子之外皆無原寸紙型，請依標示的尺寸（已含縫份）直接裁剪。

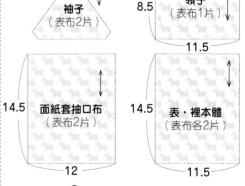

袖子（表布2片）
領子（表布1片）
8.5
11.5

面紙套抽口布（表布2片）
14.5
表・裡本體（表布各2片）
14.5
12　11.5

2. 製作領子・袖子

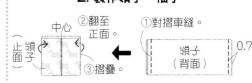

②翻至正面
①對摺車縫。
中心
止縫
領子
領子（背面）
0.7
③摺疊

79

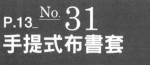

完成尺寸	材料
寬34×高23cm（寬13.5×高21.5×厚5cm書本）	**表布**（牛津布）50cm×30cm／**配布**（棉布）65cm×40cm
原寸紙型	**裡布**（棉布）40cm×30cm／**拉鍊** 22cm 1條
無	包用織帶 寬2.5cm 110cm／束髮圈 1個
	鈕釦 2cm 2個／皮繩 寬0.3cm 60cm

---

1. 裁布

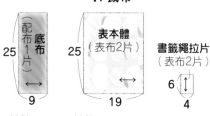

配布1片 **底布** 25 9

表本體（表布2片） 25 19

書籤繩拉片（表布2片） 6 4

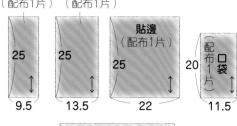

拉鍊口袋下片（配布1片） 25 9.5

拉鍊口袋上片（配布1片） 25 13.5

貼邊（配布1片） 25 22

配布1片 口袋 20 11.5

裡本體（裡布1片） 25 36

※標示的尺寸已含縫份。

2. 製作表本體

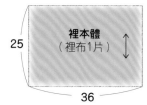

表本體（背面）
①車縫。
1
②燙開縫份。

2.5 2.5 表本體（正面）
4.5 中心
4.5
4
0.2
③車縫

54cm織帶

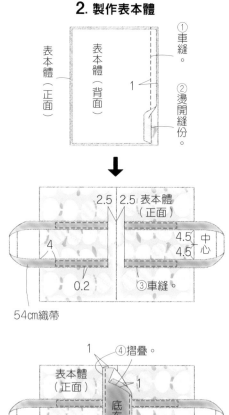

表本體（正面）
1
④摺疊。
1

底布（正面）
⑤中縫 0.2
對齊中心。

---

3. 製作拉鍊口袋

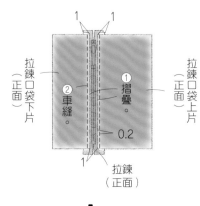

1 1
拉鍊口袋下片（正面）
②車縫。
①摺疊。
拉鍊口袋上片（正面）
0.2
1
拉鍊（正面）

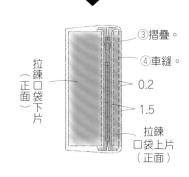

拉鍊口袋下片（正面）
③摺疊。
④車縫。
0.2
1.5
拉鍊口袋上片（正面）

4. 製作貼邊

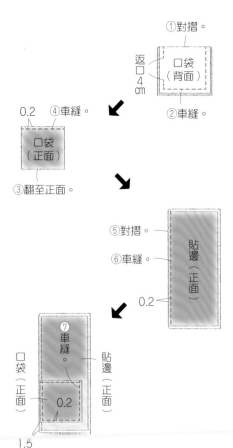

①對摺。
返口4cm
口袋（背面）
②車縫。

0.2 ④車縫。
口袋（正面）
③翻至正面。

⑤對摺。
⑥車縫。
貼邊（正面）
0.2

口袋（正面）
⑦車縫
貼邊（正面）
1.5

---

5. 製作裡本體

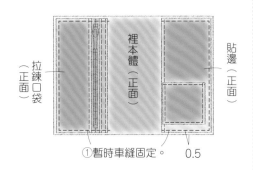

拉鍊口袋（正面）
裡本體（正面）
貼邊（正面）
①暫時車縫固定。 0.5

6. 套疊表本體＆裡本體

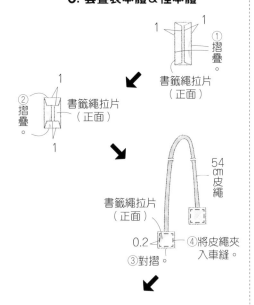

1 1
①摺疊。
書籤繩拉片（正面）
②摺疊。
書籤繩拉片（正面）
1

書籤繩拉片（正面）
54cm皮繩
0.2
③對摺。
④將皮繩夾入車縫。

⑤皮繩對摺，夾至中心。
裡本體（正面）
⑥車縫。
表本體（背面）
1
返口8cm

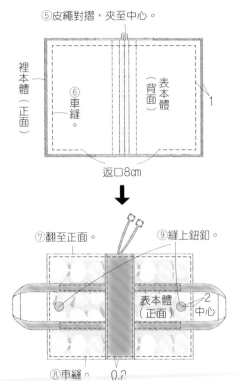

⑦翻至正面。
⑨縫上鈕釦。
表本體（正面）
2 中心
⑧車縫。 0.2

※束髮圈套住鈕釦即可收闔書套。

完成尺寸	材料	P.13 No. 32
直徑7.3×高18cm	表布（牛津布）35cm×45cm	工具包

完成尺寸
直徑7.3×高18cm

原寸紙型
C面

材料
表布（牛津布）35cm×45cm
裡布（棉布）40cm×25cm
出芽帶 55cm
拉鍊 20cm 1條
接著襯（薄）30cm×25cm

5. 接縫拉鍊

①對摺。
提把（正面）
拉鍊（正面）
②夾入提把，車縫一圈。
0.5
0.2
表下本體（正面）
提把＆背面布中心對齊本體接縫針腳。

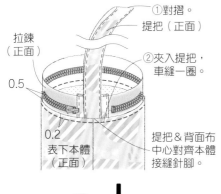

表上本體（正面）
0.5　0.2
③車縫。
拉鍊（正面）
表下本體（正面）

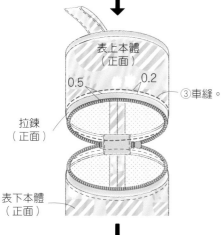

裡上本體（背面）
0.3
表上本體（背面）
④表上本體翻至背面。
⑤重疊表・裡上本體，車縫縫份。
表下本體（背面）

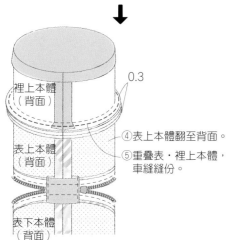

表上本體（正面）
⑥表上本體翻至正面，以藏針縫接縫裡上本體。
裡上本體（正面）
裡下本體（正面）
⑦以相同作法接縫裡下本體。
表下本體（正面）

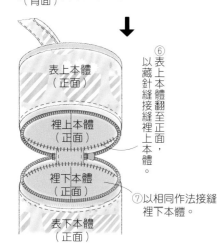

4. 製作本體

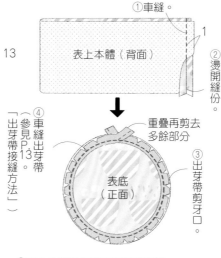

①車縫。
13
表上本體（背面）
②燙開縫份。
④車縫出芽帶（參見P.13「出芽帶接縫方法」）
重疊再剪去多餘部分
表底（正面）
③出芽帶剪牙口。

⑤表上本體＆表底正面相疊車縫（參見P.13「出芽帶接縫方法」）。

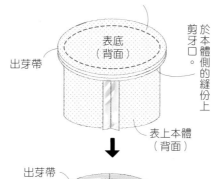

表底（背面）
出芽帶
於本體側的縫份上剪牙口。
表上本體（背面）

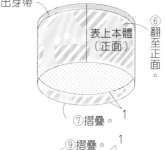

出芽帶
⑥翻至正面。
表上本體（正面）
⑦摺疊。
1

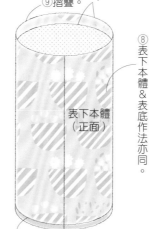

⑨摺疊。
1
⑧表下本體＆表底作法亦同。
表下本體（正面）
出芽帶
表底（正面）

※裡上・下本體＆裡底作法亦同，但不夾入出芽帶。

1. 裁布

※除了表・裡底之外皆無原寸紙型，請依標示的尺寸（已含縫份）直接裁剪。
※於表布背面燙貼接著襯。
※於 | 的位置標示合印。

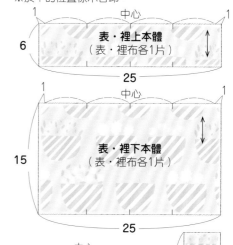

1　中心　1
6
表・裡上本體（表・裡布各1片）
25

1　中心　1
15
表・裡下本體（表・裡布各1片）
25

中心
2.4
5
背面布（表・裡布各1片）

27
提把（表布1片）
5

表・裡底（表・裡布各2片）

2. 製作提把

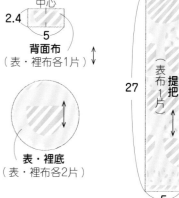

①摺疊車縫。
提把（正面）
0.2
1.5
1

3. 將拉鍊接縫成輪狀

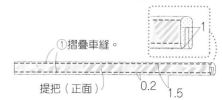

裡背面布（正面）
①摺疊。
表背面布（正面）

③標示四等分記號。

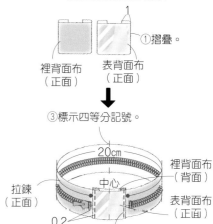

20cm
裡背面布（背面）
拉鍊（正面）
中心
表背面布（正面）
0.2
②包夾拉鍊車縫。

附口袋束口包

立方體面紙盒

完成尺寸
寬25×高27.5cm

原寸紙型
無

材料
表布（平織布）60cm×65cm
裡布（棉布）60cm×60cm
棉織帶 寬1cm 70cm

No.33 附口袋束口包

⑥翻摺時使表本體露出1.5cm，整理形狀。

1.5
裡本體（正面）
繩口1.5cm
1.5
繩口1.5cm
⑦車縫束口繩穿通道。
⑤縫合返口。
翻至正面。
口袋（正面）
表本體（正面）

束口繩穿法

⑧穿入兩條棉織帶（35cm）。
⑨打結。
表本體（正面）

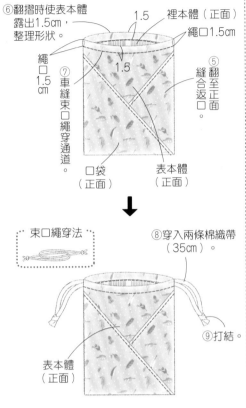

表本體（正面）
0.5
④口袋疊放於一片表本體上，暫時車縫固定。
口袋（正面）
0.5

3. 製作本體

②車縫。
①表本體（正面）
1
裡本體（背面）
※另一片表本體＆裡本體作法亦同。

③表本體＆裡本體各自正面相疊。
裡本體（正面）
1
裡本體（背面）
繩口3cm
返口10cm
④預留繩口＆返口車縫。
燙開縫份。
表本體（正面）
表本體（背面）

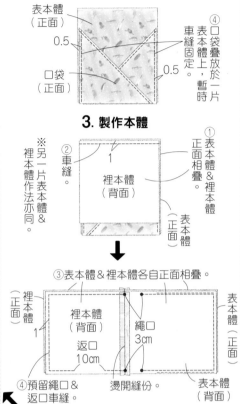

①表本體＆裡本體正面相疊。
表本體（正面）

1. 裁布

※標示的尺寸已含縫份。

31
表本體（表布2片）
27

28
裡本體（裡布2片）
27

表・裡口袋（表・裡布各1片）
27 / 27 / 27 / 27

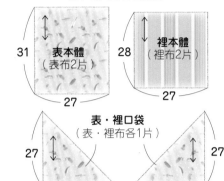

2. 製作口袋

③重疊兩片口袋車縫。
②翻至正面。
1
表口袋（正面）
0.2
①車縫。
裡口袋（背面）
表口袋（正面）
※另一片作法亦同。

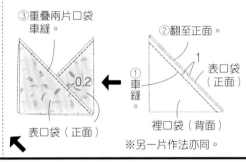

完成尺寸
寬12×長12×高12cm

原寸紙型
無

材料
表布（牛津布）60cm×40cm
鬆緊帶 寬1.5cm 40cm

No.28 立方體面紙盒

另一側也夾入鬆緊帶。
本體（背面）
本體（背面）
口袋（背面）
2　0.2　2
1　1
⑥依1cm→1cm寬度三摺邊。
⑤將鬆緊帶（16cm）夾入車縫。

⑧兩片一起進行Z字形車縫。
袋蓋（背面）
袋蓋（正面）
⑦袋蓋＆本體正面相疊車縫。
本體（背面）
⑨翻轉鬆緊帶＆車縫固定。
本體（背面）
0.2
鬆緊帶

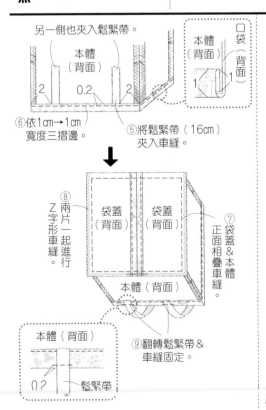

3. 製作本體

②兩片一起進行Z字形車縫。
本體（正面）
4
0.7　0.7
口袋（正面）
①暫時車縫固定。
※剩餘三片作法亦同。

④燙開縫份。
本體（背面）
1
1
③車縫。
口袋（背面）

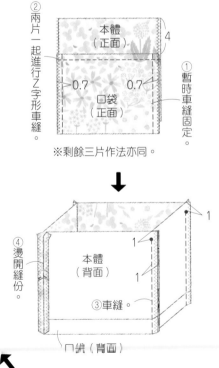

1. 裁布

9
袋蓋（表布2片）
14

※標示的尺寸已含縫份。

12
本體（表布4片）
14

12
口袋（表布4片）
14

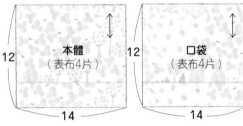
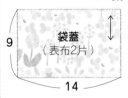

2. 製作袋蓋＆口袋

①依1cm→1cm寬度三摺邊。

0.2
②車縫。
袋蓋（背面）

※另一片袋蓋＆四片口袋作法亦同。

完成尺寸	材料
寬30×高39cm	表布（平織布）40cm×55cm

原寸紙型

C面

配布（亞麻布）80cm×50cm

接著襯（厚）40cm×50cm／接著襯（薄）40cm×50cm

棒針 約34cm 1根

P.14_ ^{No.} **35**
紙型收納袋

---

3. 製作本體

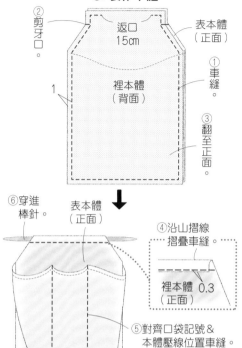

② 剪牙口。

返口 15cm

表本體（正面）

裡本體（背面）

1

① 車縫。

③ 翻至正面。

⑥ 穿進棒針。

表本體（正面）

④ 沿山摺線摺疊車縫。

裡本體（正面） 0.3

⑤ 對齊口袋記號＆本體壓線位置車縫。

口袋（正面）

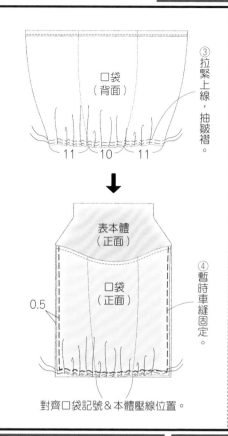

口袋（背面）

③ 拉緊上線，抽皺褶。

11　10　11

表本體（正面）

口袋（正面）

0.5

④ 暫時車縫固定。

對齊口袋記號＆本體壓線位置。

1. 裁布

※口袋無原寸紙型，請依標示的尺寸（已含縫份）直接裁剪。

※於表本體背面燙貼厚接著襯，裡本體背面燙貼薄接著襯。

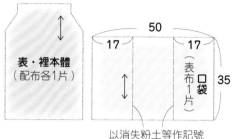

表‧裡本體（配布各1片）

50

17　17

口袋（表布1片）

35

以消失粉土等作記號

2. 製作口袋

① 依1cm→1cm寬度三摺邊。

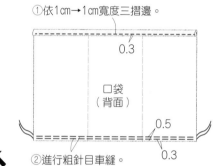

0.3

口袋（背面）

0.5

0.5

0.3

② 進行粗針目車縫。

完成尺寸	材料	
寬20×高12×側身10cm	表布A（平織布）50cm×20cm	**P.14_** ^{No.} **36**

原寸紙型

C面

表布A（平織布）50cm×20cm

表布B（平織布）30cm×20cm

裡布（棉布）55cm×20cm／接著襯（薄）55cm×20cm

圓繩 粗0.5cm 120cm

P.14_ ^{No.} **36**
小沙包束口袋

---

4. 套疊表本體＆裡本體

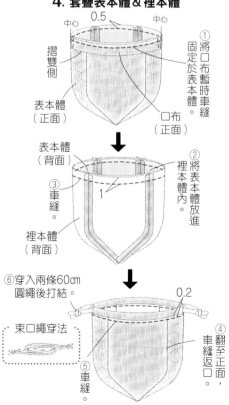

0.5

中心　中心

摺雙側

表本體（正面）

① 將口布暫時車縫固定於表本體。

口布（正面）

表本體（背面）

③ 車縫。

裡本體（背面）

② 將表本體放進裡本體內。

⑥ 穿入兩條60cm圓繩後打結。

0.2

束口繩穿法

⑤ 車縫。

④ 翻至正面，車縫返口。

3. 製作口布

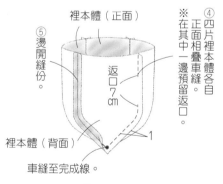

⑤ 燙開縫份。

裡本體（正面）

返口7cm

裡本體（背面）

④ 四片裡本體各自正面相疊車縫，在其中一邊預留返口。

1

車縫至完成線。

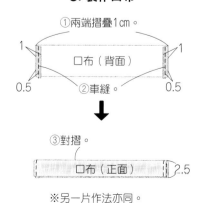

① 兩端摺疊1cm。

1　1

口布（背面）

0.5　② 車縫。　0.5

③ 對摺。

口布（正面）

2.5

※另一片作法亦同。

1. 裁布

※口布無原寸紙型，請依標示的尺寸（已含縫份）直接裁剪。

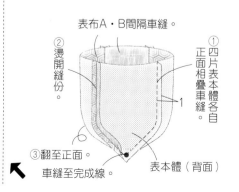

於表本體背面燙貼接著襯。

表本體（表布A‧B各2片）

裡本體（裡布4片）

口布（表布A‧2片）

22　7

2. 製作表本體＆裡本體

表布A‧B間隔車縫。

② 燙開縫份。

① 四片表本體各自正面相疊車縫。

1

③ 翻至正面。

車縫至完成線。

表本體（背面）

完成尺寸
寬11×高10.5cm

原寸紙型
無

材料
表布（平織布）50cm×20cm
裡布（平織布）50cm×20cm
接著襯（薄）50cm×20cm
按釦 1.3cm 1組

P.14_ No.37
生理用品波奇包

1. 裁布

※標示的尺寸已含縫份。
※於表本體背面燙貼接著襯。

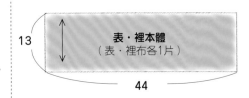

表・裡本體
（表・裡本體各1片）
13
44

2. 製作本體

表本體
（背面）
裡本體
（正面）
1
①車縫。
1

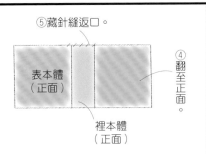

⑤藏針縫返口。
表本體
（正面）
裡本體
（正面）
④翻至正面。

③車縫。
返口5cm
表本體
（背面）
①
②
摺邊
步驟②摺邊
裡本體
（正面）
步驟①接縫針腳
②表本體・裡本體各自摺入內側。
表本體
（背面）
裡本體
（正面）
10　　10

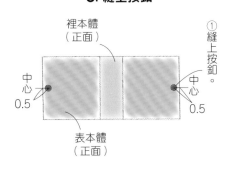

3. 縫上按釦

裡本體
（正面）
①縫上按釦。
中心
0.5
中心
0.5
表本體
（正面）

完成尺寸
寬6×高10cm

原寸紙型
無

材料
表布（防水布）20cm×25cm
裡布（平織布）35cm×25cm
塑膠四合釦 14mm 1組

P.10_ No.19
唇膏袋

1. 裁布

※標示的尺寸已含縫份。

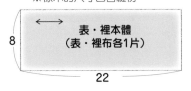

表・裡本體
（表・裡布各1片）
8
22

口袋
（裡布1片）
8
12

釦絆
（表布1片）

唇膏袋
（裡布1片）
10
7
16
6

2. 接縫唇膏袋＆口袋

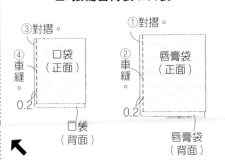

①對摺。
③對摺。
②車縫。
④車縫。
口袋
（正面）
0.2
口袋
（背面）
唇膏袋
（正面）
唇膏袋
（背面）
0.2

3. 接縫釦絆

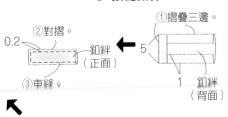

①摺疊三邊。
②對摺。
0.2
釦絆
（正面）
③車縫。
5
1
釦絆
（背面）

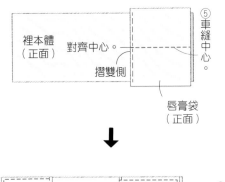

裡本體
（正面）
對齊中心。
摺雙側
唇膏袋
（正面）
⑤車縫中心。

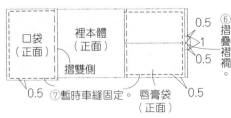

口袋
（正面）
裡本體
（正面）
摺雙側
0.5
0.5
1
0.5
0.5
⑥摺疊褶襉。
⑦暫時車縫固定。
唇膏袋
（正面）

4. 製作本體

④安裝塑膠四合釦。
塑膠四合釦（凹・背面）
塑膠四合釦（凸・背面）
釦絆（正面）
中心
1.5
表本體（正面）
1.2
中心
0.5
⑤暫時車縫固定。

①表本體＆裡本體正面相疊車縫。
1
表本體
（背面）
返口5cm

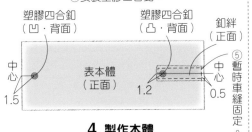

②翻至正面。
0.2
表本體
（正面）
③車縫。

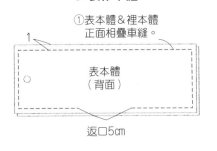

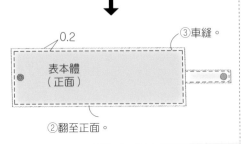

84

完成尺寸	材料	
寬44.5×高22.5cm （適用A5尺寸筆記本）	**表布**（平織布）60cm×30cm	P.14_ ^{No.} 34 **筆記本套**

完成尺寸	材料
寬44.5×高22.5cm （適用A5尺寸筆記本）	**表布**（平織布）60cm×30cm
原寸紙型 無	**裡布**（平織布）55cm×30cm **接著襯**（厚）110cm×30cm **鈕釦** 4cm 1個／**鬆緊繩** 粗0.2cm 100cm

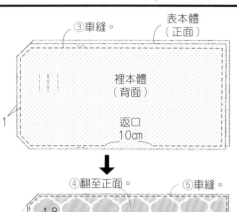

③車縫。
表本體（正面）
裡本體（背面）
返口 10cm
1

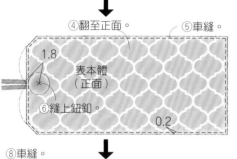

④翻至正面。　⑤車縫。
1.8
表本體（正面）
⑥縫上鈕釦。
0.2

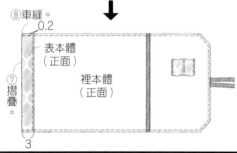

⑧車縫。
0.2
表本體（正面）
裡本體（正面）
⑦摺疊。
3

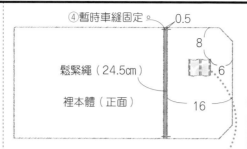

④暫時車縫固定。　0.5
8
6
鬆緊繩（24.5cm）
裡本體（正面）
16

中心　⑤車縫。
0.2　0.2　0.2
5

3. 製作本體

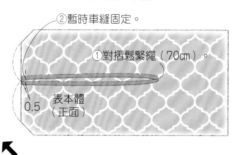

②暫時車縫固定。
①對摺鬆緊繩（70cm）
0.5
表本體（正面）

1. 裁布

※標示的尺寸已含縫份。
※於表·裡本體背面燙貼接著襯。

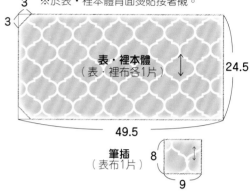

3
3
表·裡本體
（表·裡布各1片）
24.5
49.5

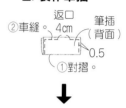

筆插
（表布1片）
8
9

2. 製作筆插

②車縫。
返口 4cm
筆插（背面）
0.5
①對摺。

↓

③翻至正面。

筆插（正面）

完成尺寸	材料	
寬20×高29cm	**表布**（平織布）50cm×35cm **裡布**（棉布）50cm×35cm **布標** 1片	P.15_ ^{No.} 39 **編織物品收納袋**

完成尺寸	材料
寬20×高29cm	**表布**（平織布）50cm×35cm
原寸紙型 **C面**	**裡布**（棉布）50cm×35cm **布標** 1片

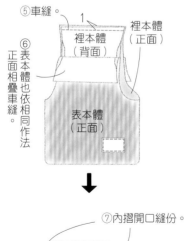

⑤車縫。
1
裡本體（正面）
裡本體（背面）
⑥表本體正面相疊也依相同作法車縫。
表本體（正面）

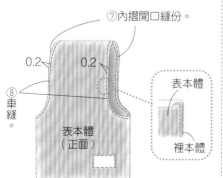

⑦內摺開口縫份。
0.2　0.2
⑧車縫。
表本體（正面）
表本體
裡本體

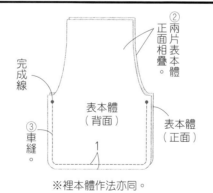

②兩片正面相疊表本體。
完成線
表本體（背面）
③車縫。
表本體（正面）
1
※裡本體作法亦同。

3. 套疊表本體＆裡本體

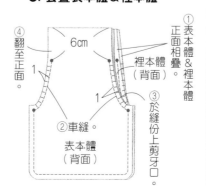

6cm
④翻至正面。
1
①表本體＆裡本體正面相疊。
裡本體（背面）
②車縫。
1
③於縫份上剪牙口。
表本體（背面）

1. 裁布

表·裡本體
（表·裡布各2片）

2. 製作表本體＆裡本體

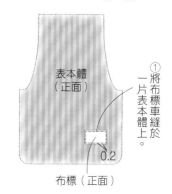

表本體（正面）
①將布標車縫於一片表本體上。
0.2
布標（正面）

完成尺寸	**材料**	
寬18×高14cm（不含掛環）	**表布**（平織布）50cm×20cm	
原寸紙型	**裡布**（平織布）45cm×20cm	P.15_ No. 41
C面	**單膠鋪棉** 65cm×20cm	**愛心鍋具隔熱套**

1. 裁布

※掛環無原寸紙型，請依標示的尺寸
　（已含縫份）直接裁剪。
※於表・裡本體＆表口袋的背面燙貼單膠鋪棉。

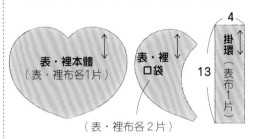

表・裡本體
（表・裡布各1片）

表・裡口袋
（表・裡布各2片）

掛環（表布1片）
4
13

2. 製作掛環

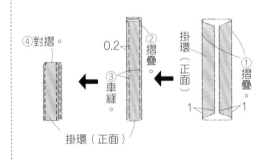

①摺疊。
掛環（正面）
1
1
③車縫。
②摺疊。
0.2
④對摺。
掛環（正面）

3. 製作口袋

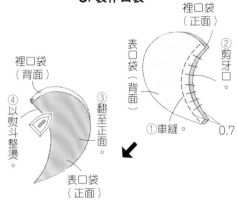

裡口袋（正面）
裡口袋（背面）
②剪牙口。
表口袋（正面）
表口袋（背面）
①車縫。
0.7
④以熨斗整燙。
③翻至正面。

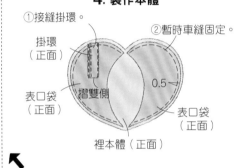

※對稱的另一片作法亦同。

4. 製作本體

①接縫掛環。
②暫時車縫固定。
掛環（正面）
表口袋（正面）
摺雙側
0.5
表口袋（正面）
裡本體（正面）

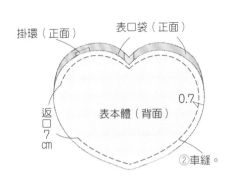

掛環（正面）
表口袋（正面）
表口袋（正面）
表本體（背面）
返口7cm
0.7
②車縫。

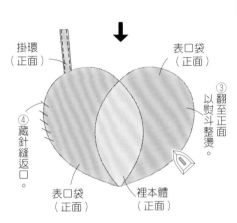

掛環（正面）
表口袋（正面）
④藏針縫返口。
③以熨斗整燙
翻至正面
表口袋（正面）
裡本體（正面）

完成尺寸	**材料**	
寬13.5×高17cm	**表布**（平織布・棉麻牛津布）65cm×20cm	P.15_ No. 42
原寸紙型	**裡布**（棉布）65cm×20cm	P.54_ No. 72
C面	**單膠鋪棉** 65cm×20cm	**隔熱手套**

1. 裁布

※於裡本體背面
燙貼單膠鋪棉。

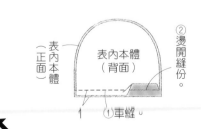

表・裡外本體
（表・裡布各1片）

表・裡內本體
（表・裡布各1片）

2. 製作本體

表內本體（正面）
表內本體（背面）
燙開縫份。
1
①車縫。

②

製作本體（續）

表外本體（正面）
表外本體（背面）
止縫點
1
③車縫。

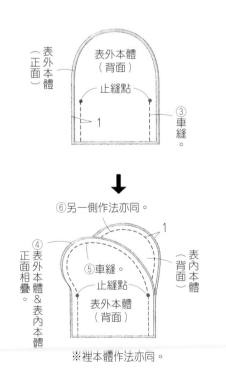

⑥另一側作法亦同。
1
④
正面相疊
表外本體＆表內本體
⑤車縫。
止縫點
表外本體（背面）
表內本體（背面）
1
※裡本體作法亦同。

3. 完成！

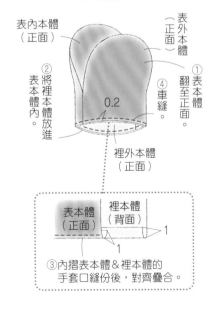

表內本體（正面）
表外本體（正面）
①表本體翻至正面。
②將裡本體放進表本體內。
④車縫。
0.2
裡外本體（正面）

表本體（正面）
裡本體（背面）
1
③內摺表本體＆裡本體的手套口縫份後，對齊疊合。

完成尺寸	材料	P.15_ No. 43
寬12×高12×側身12cm	表布（平織布）30cm×20cm	手機座

材料
表布（平織布）30cm×20cm
不織布（綠色）10cm×10cm
不織布（紅色・黃色）各5cm×5cm／**填充棉** 適量
鈕釦 1.2cm 2顆／**25號繡線**（黑色・綠色）

原寸紙型
C面

1. 製作臉部

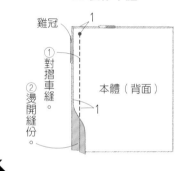

尖嘴（黃色不織布）
雞冠（紅色不織布）
尖嘴下（紅色不織布）
③緞面繡。（黑色繡線3股）
②暫時車縫固定。
0.5
①裁剪。
本體（正面）

2. 製作本體

雞冠
1
①對摺車縫。
②燙開縫份。
本體（背面）
1
1

④燙開縫份。
③車縫。
尖嘴側
本體（背面）
1

⑤翻至正面。

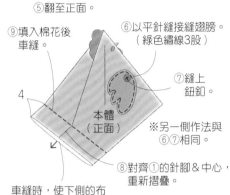

⑨填入棉花後車縫。
⑥以平針縫接縫翅膀。（綠色繡線3股）
⑦縫上鈕釦。
本體（正面）
4
※另一側作法與⑥⑦相同。
⑧對齊①的針腳＆中心，重新摺疊。
車縫時，使下側的布稍微露出來。

⑩縫份內摺1cm，塞入少許棉花後縫合。

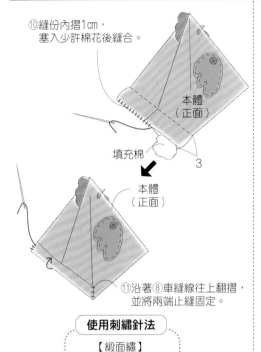

本體（正面）
填充棉
3
本體（正面）
⑪沿著⑧車縫線往上翻摺，並將兩端止縫固定。

使用刺繡針法
【緞面繡】
❶出
❸出
❷入

完成尺寸	材料	P.15_ No. 44
寬13×高10cm	表布（平織布）30cm×15cm	愛心波奇包

材料
表布（平織布）30cm×15cm
裡布（棉布）30cm×15cm
接著襯（中薄）30cm×30cm
FLATKNIT拉鍊 長20cm 1條

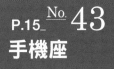

原寸紙型
C面

1. 裁布
※所有部件皆燙貼接著襯。

表・裡後（表・裡布各1片）　表・裡前B（表・裡布各1片）　表・裡前A（表・裡布各1片）

裡前A・B將紙型翻面使用。

2. 將拉鍊接縫於表前

①拉鍊＆表前A正面相疊車縫。
下止
0.7
拉鍊（背面）
1
表前A（正面）
上止
②剪掉多餘的拉鍊。

④前拉B鍊作依法①將至③相同接縫於另一側表側
表前A（正面）
0.2
表前A正面車縫翻至
1
表前B（正面）
1

3. 製作表本體＆裡本體

①表前・後正面相疊。
拉開拉鍊
表後（正面）
0.7
②車縫。
表前（背面）

③摺疊縫份。
0.7
0.7
0.7
裡前A（背面）
裡前B（背面）
1
裡後（正面）
④裡前・後正面相疊車縫。

4. 套疊表本體＆裡本體

①表本體＆裡本體背面相疊，以藏針縫將裡本體固定於拉鍊布帶。

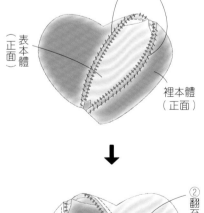

表本體（正面）
裡本體（正面）

②翻至正面。
裡本體（正面）
表本體（正面）

完成尺寸	材料
寬23×高14×側身6.5cm	表布（平織布）50cm×20cm
	裡布（平織布）50cm×20cm
原寸紙型	單膠鋪棉 50×20cm／接著襯（中薄）20×10cm
C面	不織布（白色）20cm×10cm／25號繡線（黑色・白色）
	不織布（紅色・黃色）各5cm×5cm／填充棉 適量

P.16_ No.45
母雞造型
調味料收納籃

1. 裁布

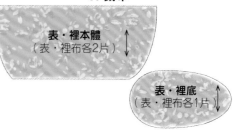

表・裡本體
（表・裡布各2片）

表・裡底
（表・裡布各1片）

※表本體背面燙貼單膠鋪棉。
　表底背面先燙貼單膠鋪棉，
　再燙貼接著襯。

臉部（白色不織布2片）
雞冠&尾巴（紅色不織布各1片）
尖嘴（黃色不織布1片）

2. 製作臉部

①緞面繡。
（黑色繡線
3股）

②夾入雞冠&尾巴
進行平針縫。
（白色繡線2股）

0.2

臉部（正面）

臉部（背面）

③填入棉花。

※緞面繡法參見P.87 No.43。

3. 製作本體

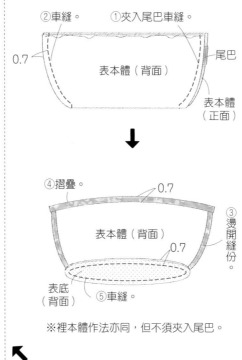

②車縫。　①夾入尾巴車縫。

0.7

表本體（背面）

尾巴

表本體（正面）

④摺疊。　0.7

③燙開縫份。

表本體（背面）

0.7

表底（背面）

⑤車縫。

※裡本體作法亦同，但不須夾入尾巴。

⑧車縫。　⑦將裡本體放進表本體內。

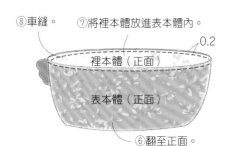

0.2

裡本體（正面）

表本體（正面）

⑥翻至正面。

4. 接縫臉部

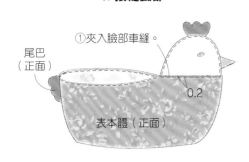

①夾入臉部車縫。

尾巴
（正面）

0.2

表本體（正面）

完成尺寸	材料
寬25×高17cm	表布（平織布）80cm×30cm
	裡布（棉布）80cm×30cm
原寸紙型	接著襯（薄）80cm×30cm
無	

P.17_ No.49
盒裝面紙套

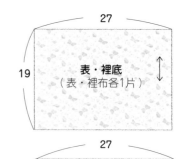

1. 裁布

※標示的尺寸已含縫份。
※於表底&表本體A・B背面燙貼接著襯。

27
19
表・裡底
（表・裡布各1片）

27
10.5
表・裡本體A
（表・裡布各2片）

10.5
19
表・裡本體B
（表・裡布各2片）

2. 製作本體

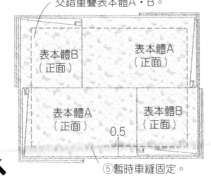

①車縫。
②燙開縫份。

裡本體A
（正面）
1
表本體A（背面）

③翻至正面。

表本體A（正面）

※另一片&表本體B
作法亦同。

④使針腳朝內，
交錯重疊表本體A・B。

表本體B
（正面）
表本體A
（正面）

表本體A
（正面）
表本體B
（正面）
0.5

⑤暫時車縫固定。

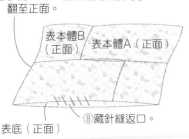

表底
（正面）

裡本體
A
（正面）

返口8cm

裡本體
A
（正面）

裡底
（背面）

1

⑥車縫。

裡本體B
（正面）

⑦參見P.17「翻出邊角的技巧」
翻至正面。

表本體B
（正面）
表本體A（正面）

表底（正面）

⑧藏針縫返口。

完成尺寸	材料	
直徑8×高3cm	表布（平織布）20cm×10cm	
	配布（平織布）35cm×10cm	P.16_ No. 46 針插
原寸紙型	包釦 2cm 1組	
C面	緞帶 寬0.9cm 50cm／填充棉 適量	

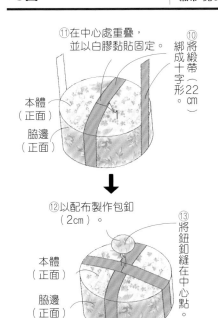

⑪在中心處重疊，並以白膠黏貼固定。

⑩將緞帶綁成十字形（22cm）

本體（正面）
脇邊（正面）
1

⑫以配布製作包釦（2cm）。

本體（正面）
脇邊（正面）

⑬將鈕釦縫在中心點。

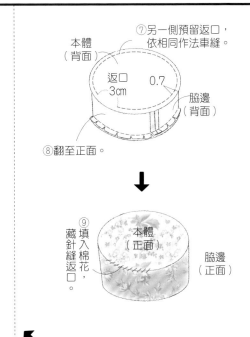

⑦另一側預留返口，依相同作法車縫。

本體（背面）
返口 3cm
0.7
脇邊（背面）

⑧翻至正面。

⑨填入棉花，藏針縫返口。

本體（正面）
脇邊（正面）

1. 裁布

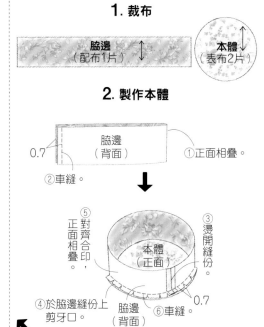

脇邊（配布1片）
本體（表布2片）

2. 製作本體

0.7
脇邊（背面）
①正面相疊。
②車縫。

⑤對齊合印，正面相疊。
③燙開縫份。
④於脇邊縫份上剪牙口。
本體（正面）
脇邊（背面）
⑥車縫。
0.7

完成尺寸	材料	
寬21×高13.3cm	表布（平織布）90cm×20cm	
	配布（平織布）25cm×15cm	P.16_ No. 48 抓褶波奇包
原寸紙型	裡布（棉布）50cm×20cm／接著襯（中薄）50cm×20cm	
無	金屬拉鍊 20cm 1條	

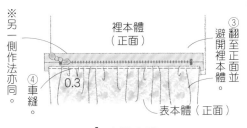

※另一側作法亦同。

裡本體（正面）
③翻至正面並避開裡本體、表本體。
④車縫。
0.3
表本體（正面）

4. 車縫本體

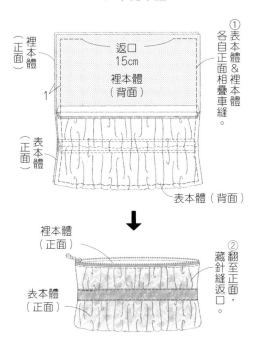

裡本體（正面）
返口 15cm
裡本體（背面）
1
表本體（正面）
①各自表本體＆裡本體正面相疊車縫。
表本體（背面）
②翻至正面藏針縫返口。

裡本體（正面）
表本體（正面）

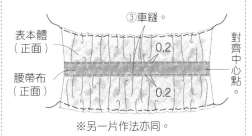

③車縫。
表本體（正面）
0.2
腰帶布（正面）
0.2
對齊中心點。

※另一片作法亦同。

3. 接縫拉鍊

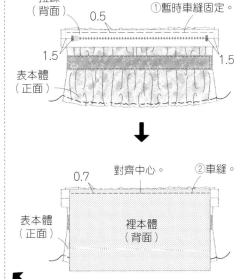

拉鍊（背面）
0.5
①暫時車縫固定。
1.5
1.5
表本體（正面）

對齊中心。
0.7
②車縫。
表本體（正面）
裡本體（背面）

1. 裁布

※標示的尺寸已含縫份。
※於裡本體＆腰帶布背面燙貼接著襯。

表本體（表布2片）
15
43

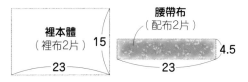

裡本體（裡布2片）
15
23

腰帶布（配布2片）
4.5
23

2. 製作腰帶布

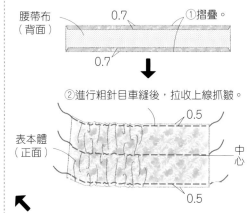

腰帶布（背面）
0.7
①摺疊。
0.7

②進行粗針目車縫後，拉收上線抓皺。
表本體（正面）
0.5
中心
0.5

完成尺寸	材料	
寬28×高25×側身15.5cm	表布（棉麻帆布）90cm×50cm	

完成尺寸
寬28×高25×側身15.5cm

原寸紙型
A面

材料
表布（棉麻帆布）90cm×50cm
配布（亞麻布）50cm×20cm／裡布（平織布）90cm×50cm
接著襯（厚）90cm×30cm
接著襯（極厚）35cm×25cm
鋁管口金・圓形（寬24cm 高11cm）1個

P.20_ No.51
鋁管口金包

2. 套疊表本體＆裡本體

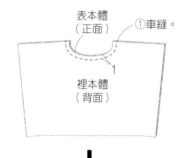

表本體（正面）
①車縫。
裡本體（背面）
1

③車縫至完成線。
②於表本體＆裡本體之間夾入口布。

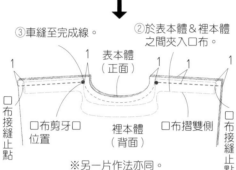

1
口布接縫止點
口布剪牙口位置
表本體（正面）
1
1
裡本體（背面）
口布摺雙側
1
口布接縫止點

※另一片作法亦同。

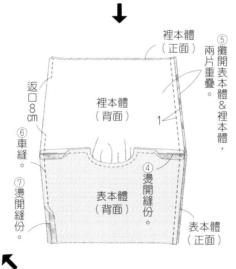

裡本體（正面）
⑤攤開表本體＆裡本體，兩片重疊。
1
返8cm
裡本體（背面）
⑥車縫。
⑦燙開縫份。
④燙開縫份。
表本體（背面）
表本體（正面）

⑧於本體側縫份上剪牙口，再與表底正面相疊。

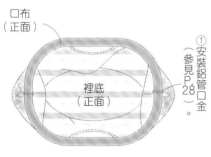

※裡本體側縫＆裡底作法亦同。
裡本體（背面）
裡本體（正面）
表本體（背面）
⑨車縫。
1

⑪車縫。
0.2
表本體（正面）
⑩翻至正面，藏針縫返口。

3. 安裝口金

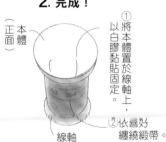

口布（正面）
裡底（正面）
①安裝鋁管口金（參見P.28）。

裁布圖

※口布無原寸紙型，請依標示的尺寸（已含縫份）直接裁剪。
※□處於背面燙貼厚接著襯。
　□處於背面燙貼極厚接著襯。

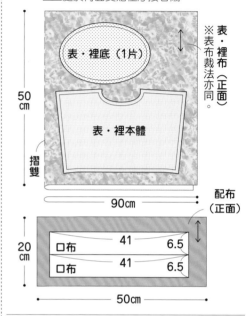

表・裡底（1片）
50cm
摺雙
表・裡本體
表布※表・裡布裁法亦同。
表・裡本體（正面）
90cm

配布（正面）
20cm
| 口布 | 41 | 6.5 |
| 口布 | 41 | 6.5 |
50cm

1. 製作口布

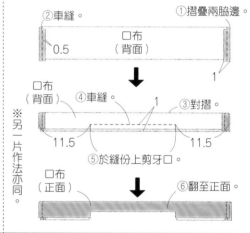

②車縫。
①摺疊兩脇邊。
口布（背面）
0.5
1

口布（背面）
④車縫。
1
③對摺。
11.5
11.5
⑤於縫份上剪牙口。
※另一片作法亦同。

口布（正面）
⑥翻至正面。

完成尺寸
直徑約3×高約6cm

原寸紙型
無

材料
表布（平織布）10cm×10cm
厚紙 5cm×5cm
填充棉 適量
線軸 1個

P.06_ No.03
線軸針插

2. 完成！

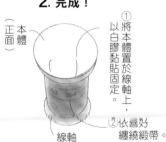

本體（正面）
①以白膠體置於線軸上，黏貼固定。
②依喜好纏繞緞帶。
線軸

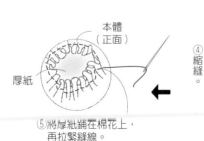

本體（正面）
厚紙
④縮縫。
⑤將厚紙鋪在棉花上，再拉緊縫線。

③將表布剪下線軸直徑＋4cm大的圓布片。
0.5
本體（背面）
填充棉

1. 製作本體

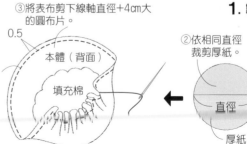

①測量線軸的直徑。
直徑
②依相同直徑裁剪厚紙。
直徑
厚紙
線軸

完成尺寸	材料
寬26×高22×側身15cm（不含提把）	**表布**（棉布）90cm×40cm／**配布**（亞麻布）65cm×55cm
原寸紙型	**裡布**（棉布）90cm×55cm／**接着芯**（厚）90cm×35cm
無	**接著襯**（中薄）65cm×55cm／**底板**30cm×15cm
	鋁管口金・方型（寬24cm 高10cm）1組

P.20_ No. 52
鋁管口金三層包

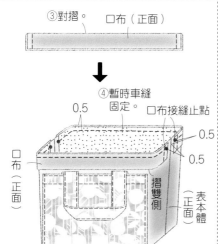

③對摺。　口布（正面）

④暫時車縫固定。
□布接縫止點
0.5　0.5　0.5
口布（正面）
摺雙側
表本體（正面）

6. 套疊表本體＆裡本體

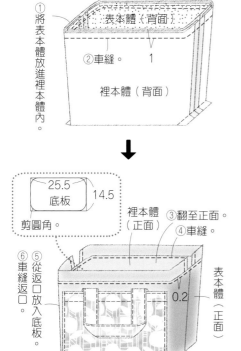

①將表本體放進裡本體內。
表本體（背面）
②車縫。　1
裡本體（背面）

25.5　底板　14.5
剪圓角。

裡本體（正面）
③翻至正面。
④車縫。
⑥車縫返口。
⑤從返口放入底板。
表本體（正面）
0.2

7. 安裝口金

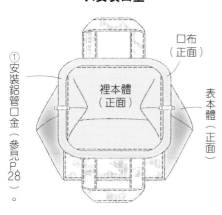

①安裝鋁管口金（參見P.28）。
裡本體（正面）
口布（正面）
表本體（正面）

※另一片作法亦同。

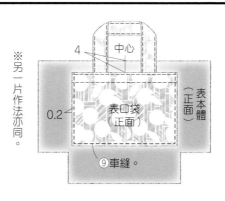

4　中心
表口袋（正面）
0.2　表本體（正面）
⑨車縫。

3. 製作表本體

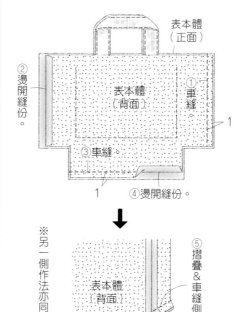

②燙開縫份。
表本體（正面）
①車縫
表本體（背面）
③車縫。
車縫
1
④燙開縫份。
1

※另一側作法亦同。

表本體（背面）
⑤摺疊＆車縫側身。
1

4. 製作裡本體

裡本體（正面）
②燙開縫份。
1
返口12cm
裡本體（背面）
①車縫
③車縫。
④燙開縫份。
1

⑤依表本體步驟⑤相同作法車縫側身。

5. 接縫口布

②車縫
0.1　冂布（背面）　1
①摺疊

裁布圖

※標示的尺寸已含縫份。
※░ 處於背面燙貼厚接著襯。
※▨ 處於背面燙貼中薄接著襯。

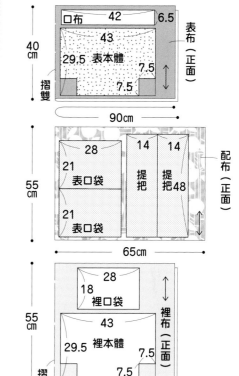

40cm
口布　42　6.5
43
表本體
29.5　表本體　7.5
摺雙　7.5
表布（正面）
90cm

55cm
28
21　表口袋　14　14　提把　提把48
21　表口袋
配布（正面）
65cm

55cm
28　18　裡口袋
43
29.5　裡本體　7.5
摺雙　7.5
裡布（正面）
90cm

1. 製作提把

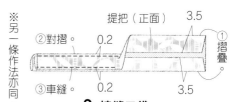

※另一條作法亦同。
提把（正面）　3.5
②對摺。　0.2　①摺疊
③車縫。　0.2　3.5

2. 接縫口袋

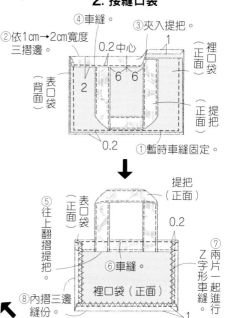

②依1cm→2cm寬度三摺邊
④車縫　③夾入提把。
0.2中心　1
2　6　6
表口袋（背面）
裡口袋（正面）
提把（正面）
0.2
①暫時車縫固定。

提把（正面）
⑤往上翻摺提把
表口袋（正面）
0.2
⑥車縫。
裡口袋（正面）
⑦兩片一起進行Z字形車縫。
⑧內摺三邊縫份。
1

支架口金後背包

完成尺寸
寬24×高33×側身13cm

原寸紙型
B面

材料
表布（棉麻帆布）110cm×100cm
裡布（平織布）90cm×60cm
接著襯（極厚）60cm×40cm
接著襯（厚）60cm×40cm／日型環 30mm 2個
單膠鋪棉 15cm×40cm／包用織帶 寬3cm 100cm
支架口金（寬21cm高7.5cm）1組
雙開拉鍊 50cm 1條／隱形拉鍊 22cm 1條

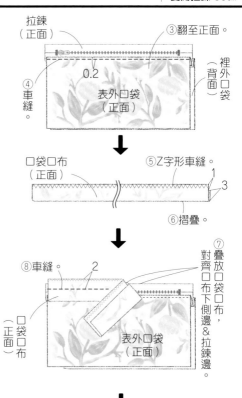

拉鍊（正面）
③翻至正面。
④車縫。
0.2
表外口袋（正面）
裡外口袋（背面）

口袋口布（正面）
⑤Z字形車縫。
1
3
⑥摺疊。

⑧車縫。
2
⑦對齊放口袋口布下側邊＆拉鍊邊。
（正面）口袋口布
表外口袋（正面）

表本體（正面）
⑩車縫。
0.2
表外口袋（正面）
0.5
8

⑨摺疊上方布邊，包夾拉鍊。
1
拉鍊

⑪暫時車縫固定。

6. 製作表本體＆裡本體

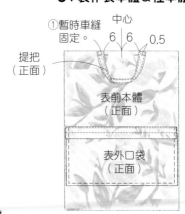

①暫時車縫固定。
中心
6 | 6 | 0.5
提把（正面）
表前本體（正面）
表外口袋（正面）

---

2. 製作吊耳

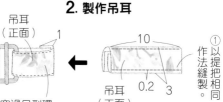

吊耳（正面）
1
10
0.2 3
吊耳（正面）
①以提把相同作法縫製。
②穿過日型環，如圖所示摺疊邊端。
※另一個作法亦同。

3. 製作肩背帶

③剪去尖角。
肩帶（背面）
①對摺。
②車縫。
⑤車縫中心線。
肩帶（正面）
④翻至正面。
1

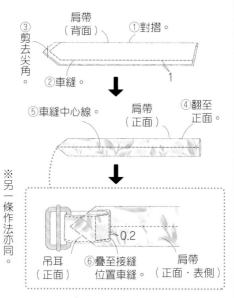

吊耳（正面）
⑥疊至接縫位置車縫。
0.2
肩帶（正面·表側）
※另一條作法亦同。

4. 製作脇邊口袋

①依1cm三摺邊車縫。1.5cm寬度
脇邊口袋（背面）
1.5
1
0.2

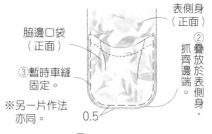

脇邊口袋（正面）
表側身（正面）
③暫時車縫固定。
②疊放於表側身，抓齊邊端。
0.5
※另一片作法亦同。

5. 製作外口袋

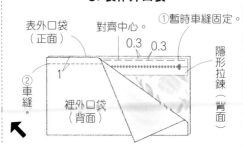

表外口袋（正面）
對齊中心。
①暫時車縫固定。
0.3 0.3
1
②車縫。
裡外口袋（背面）
隱形拉鍊（背面）

裁布圖

※除了脇邊口袋、肩帶及表裡側身之外皆無原寸紙型，請依標示的尺寸（已含縫份）直接裁剪。
※▨處於背面燙貼厚接著襯。
　▥處於背面燙貼極厚接著襯。
　□處於背面燙貼單膠鋪棉。

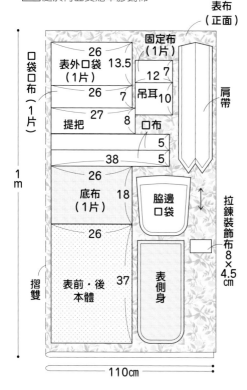

表布（正面）
口袋口布（1片）
表外口袋（1片）26
固定布（1片）
13.5
12 7
吊耳 10
26 7
提把 27 8
口布
5
38 5
26
底布（1片）18
脇邊口袋
26
表前·後本體 37
表側身
肩帶
拉鍊裝飾布 8×4.5cm
1m
摺雙
110cm

裡布（正面）
裡外口袋（1片）26 13.5
26
裡本體 35
裡側身
60cm
摺雙
90cm

1. 製作提把

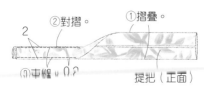

②對摺。
①摺疊。
2
①車縫。0.2
提把（正面）
※另一條作法亦同。

8. 套疊表本體&裡本體

① 疊合本體袋口，暫時車縫固定。

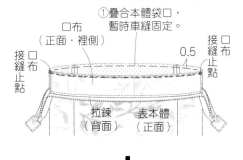

口布（正面・裡側）
接縫止點
接縫止點
拉鍊（背面）
表本體（正面）
0.5
口布

② 放入裡本體內車縫。

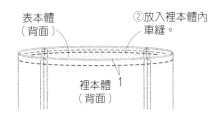

表本體（背面）
裡本體（背面）
裡本體（背面）
1

③ 翻至正面，車縫返口。

④ 車縫。

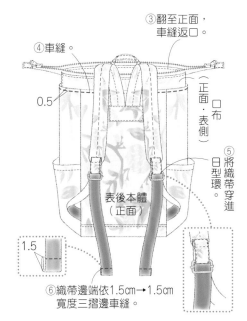

0.5
（正面・表側）
口布
⑤ 將織帶穿進日型環。
表後本體（正面）

1.5

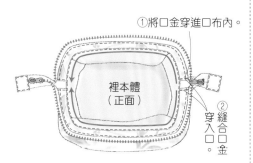

⑥ 織帶邊端依1.5cm→1.5cm寬度三摺邊車縫。

9. 安裝口金

① 將口金穿進口布內。

裡本體（正面）

② 縫合口金穿入口。

表側身（正面）
表本體（正面）
於本體側的縫份上剪牙口。
表本體（背面）
1
⑨ 表本體&表側身正面相疊車縫。
表側身（背面）
⑩ 翻至正面。

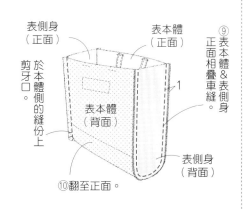

裡側身（正面）
裡本體（正面）
返口15cm
裡本體（背面）
1
裡側身（背面）
⑪ 裡本體&裡側身預留返口，依步驟⑨相同作法車縫。

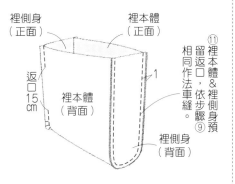

7. 製作口布

以口布包夾拉鍊。
口布（正面）
1
對齊中心
② 車縫
雙開拉鍊（正面）
口布（背面）
1
① 摺疊。

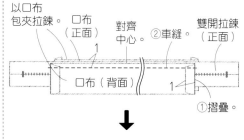

口布（正面・表側）
口布（背面）
③ 翻至正面。
拉鍊（正面）
0.2
0.2
0.5
④ 車縫。
⑤ 暫時車縫固定。
另一側也依步驟①②相同作法接縫。

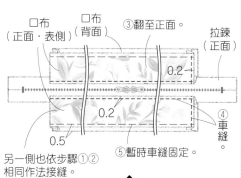

拉鍊裝飾布（背面）
⑥ 摺疊。
2.5
1

⑦ 拉鍊布帶摺成2cm寬。
拉鍊（背面）
2
0.2
拉鍊裝飾布（正面）
⑧ 對摺拉鍊裝飾布，包夾拉鍊邊端車縫。
※另一側作法亦同。

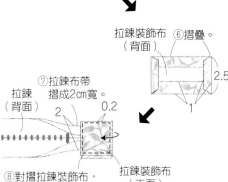
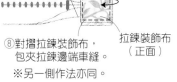

肩帶（正面・裡側）
針腳
中心
② 表後本體也以相同作法接縫提把後，將提把往上翻摺。
③ 固定布周圍內摺1cm，將肩背帶夾入車縫。
4
0.2
5.5
表後本體（正面）
固定布（背面）
④ 固定。
暫時車縫
10
織帶48.5cm
1
0.5

避開提把&肩背帶
表後本體（正面）
表前本體（背面）
⑤ 車縫。
1

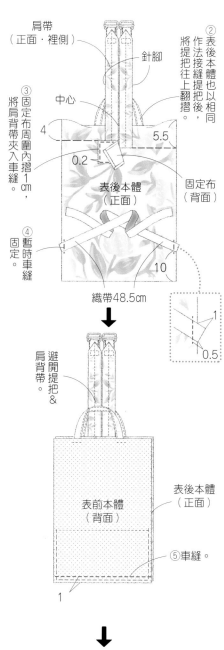

表前本體（正面）
⑧ 車縫。
8 0.2
8
1
⑥ 燙開縫份。
⑦ 摺疊。
底布（正面）
表後本體（正面）

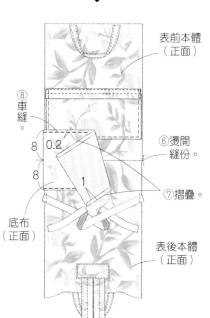

93

完成尺寸

寬19×高20×側身12cm
（不含提把）

原寸紙型

A面

材料

表布（棉布）55cm×75cm

裡布（棉布）55cm×45cm

接著襯（厚）90cm×25cm

塞入式口金・方型（寬21cm 高8cm）1個

4. 套疊表本體&裡本體

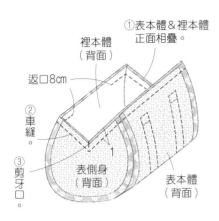

①表本體&裡本體正面相疊。
裡本體（背面）
返口8cm
②車縫。
③剪牙口。
表側身（背面）
表本體（背面）

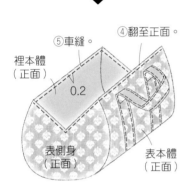

⑤車縫。
④翻至正面。
裡本體（正面）
0.2
表側身（正面）
表本體（正面）

5. 完成！

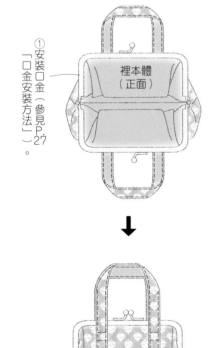

①安裝口金（參見P.27「口金安裝方法」）。
裡本體（正面）

表本體（正面）

1. 接縫提把

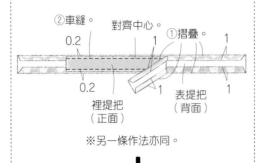

②車縫。 對齊中心。 ①摺疊。
0.2   1   1
0.2   1
裡提把（正面）   表提把（背面）

※另一條作法亦同。

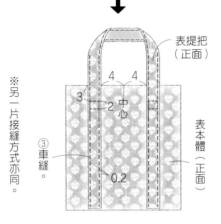

※另一片接縫方式亦同。
表提把（正面）
4 4
3 中
2 心
③車縫。
表本體（正面）
0.2

2. 車縫底線

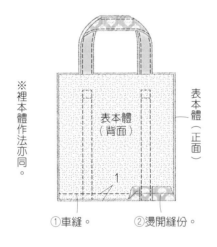

※裡本體作法亦同。
表本體（背面）
表本體（正面）
1
①車縫。 ②燙開縫份。

3. 接縫側身

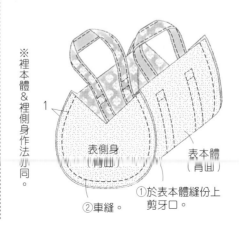

※裡本體&裡側身作法亦同。
1
表側身（背面）
表本體（背面）
①於表本體縫份上剪牙口。
②車縫。

裁布圖

※表・裡本體&表・裡提把無原寸紙型，請依標示的尺寸（已含縫份）直接裁剪。
※□□處於背面燙貼接著襯。

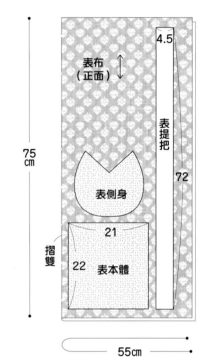

表布（正面）
4.5
表提把
75cm   72
表側身
21
摺雙 22 表本體
55cm

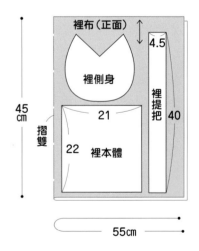

裡布（正面）
4.5
裡側身
45cm   裡提把 40
21
摺雙 22 裡本體
55cm

94

完成尺寸	材料
寬31×高25.7cm	表布（棉布）70cm×25cm
	裡布（棉布）70cm×25cm
原寸紙型	單膠鋪棉 70cm×25cm
B面	塞入式口金・方型（寬15cm 高6cm）1個

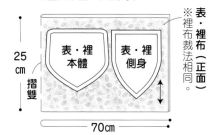

（裁布圖）

※□處於背面燙貼單膠鋪棉
（僅表本體・表側身）。

25 cm

摺雙

70cm

表・裡
本體

表・裡
側身

※表・裡布裁法相同（正面）。

1. 製作表本體＆裡本體

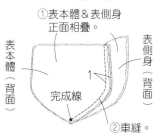

①表本體＆表側身
正面相疊。

表本體（背面）

表側身（背面）

完成線

②車縫。

※另一組表本體＆表側身作法亦同。

③兩組表本體＆表側身
正面相疊車縫。

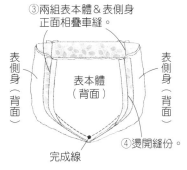

表側身（背面）

表本體（背面）

表側身（背面）

完成線

④燙開縫份。

※裡本體＆裡側身作法亦同。

2. 套疊表本體＆裡本體

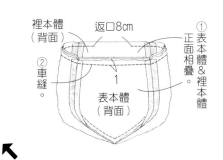

裡本體（背面）

返口8cm

①正面相疊。

②車縫。

表本體＆裡本體

表本體（背面）

3. 安裝口金

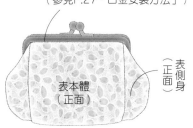

①安裝口金。
（參見P.27「口金安裝方法」）

④內摺返口縫份，車縫袋口一圈。

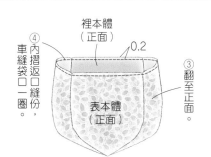

裡本體（正面）

0.2

③翻至正面。

表本體（正面）

表本體（正面）

（表側身正面）

完成尺寸	材料
寬14.5×高17.5cm	表布（11號帆布）30cm×25cm／裡布（棉布）30cm×25cm
	配布（棉布）30cm×25cm／單膠鋪棉 30cm×25cm
原寸紙型	手帳用口金（寬17.5cm 高13cm）1個
B面	手帳口金用透明內袋 1個

（裁布圖）

※□處於背面完成線內
燙貼單膠鋪棉（僅表本體）。

表・裡布（正面）
※裡布裁法相同。

25 cm

表・裡本體

30cm

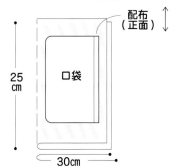

配布（正面）

25 cm

口袋

30cm

1. 製作本體

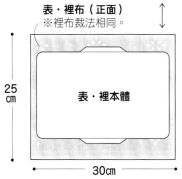

①車縫。

1

裡本體（正面）

表本體（背面）

②翻至正面。

暫時車縫固定。

表本體（正面）

裡本體（背面）

0.2

2. 接縫口袋

①Z字形車縫。

口袋（正面）

②摺疊1cm車縫。

1

0.8

口袋（正面）

※另一片作法亦同。

③口袋疊放於裡本體側。

裡本體（正面）

口袋（正面）

口袋（正面）

0.2

④暫時車縫固定。

3. 安裝口金

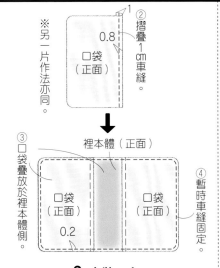

①安裝口金。
（參見P.27「口金安裝方法」）

表本體（正面）

留鬆份。

螺栓

底中心線

②將手帳用透明內袋套入口袋內。

※螺栓與底中心線不要太密合，保留些許鬆份，0.5cm以下。

完成尺寸
寬39×高22×側身24.5㎝

原寸紙型
C面

材料
表布（進口布）135cm×20cm
裡布（棉麻布）110cm×50cm
配布（麻布）105cm×40cm
接著襯（medium）92cm×30cm
底板 30cm×30cm／皮標籤 1片

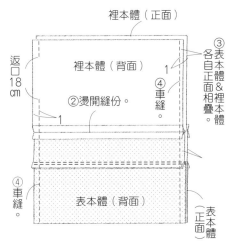

返口18㎝
裡本體（正面）
裡本體（背面）
②燙開縫份。
③各自表本體＆裡本體自正面相疊。
④車縫。
④車縫。
表本體（背面）
表本體（正面）

4. 車縫底部，完成！

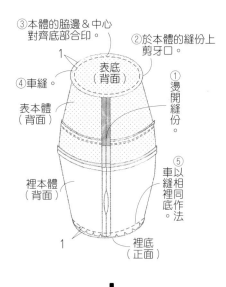

③本體的脇邊＆中心對齊底部合印。
②於本體的縫份上剪牙口。
表底（背面）
④車縫。
①燙開縫份。
表本體（背面）
裡本體（背面）
⑤以相同裡底作法車縫。
裡底（正面）

⑧底板裁成比完成線小0.5cm。

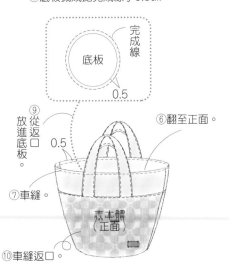

完成線
底板
0.5
⑨放進返口底板。
0.5
⑥翻至正面。
⑦車縫。
表本體（正面）
⑩車縫返口。

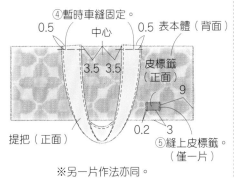

④暫時車縫固定。
0.5 中心 0.5 表本體（背面）
3.5 3.5
皮標籤（正面）
9
提把（正面）
0.2 3
⑤縫上皮標籤。（僅一片）

※另一片作法亦同。

2. 車縫表本體拼接部分

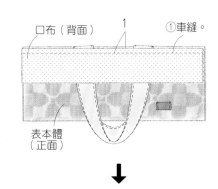

口布（背面）
①車縫。
表本體（正面）

↓

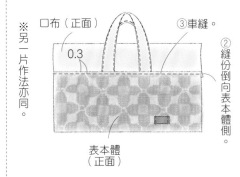

口布（正面）
③車縫。
0.3
②縫份倒向表本體側。
表本體（正面）

※另一片作法亦同。

3. 縫合表本體＆裡本體

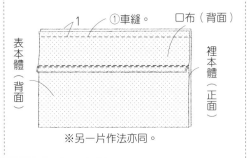

①車縫。
口布（背面）
表本體（背面）
裡本體（正面）

※另一片作法亦同。

（裁布圖）

※除了表・裡底之外皆無原寸紙型，請依標示的尺寸（已含縫份）直接裁剪。
※▨▨處於背面燙貼接著襯。

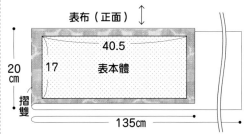

表布（正面）
40.5
20㎝ 17 表本體
摺雙
135cm

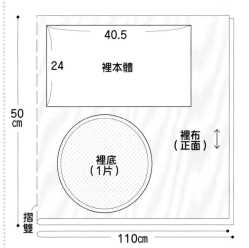

40.5
24 裡本體
50㎝
裡底（1片）
裡布（正面）
摺雙
110cm

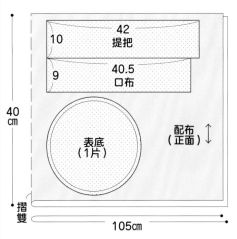

42
10 提把
9 40.5
口布
40㎝
表底（1片）
配布（正面）
摺雙
105cm

1. 接縫提把

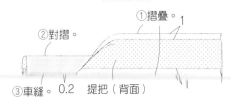

①摺疊。 1
②對摺。
③車縫。 0.2 提把（背面）

※另一片作法亦同。

完成尺寸	材料 ■…S ■…L ■…共用	P.31_ No. 60
S…寬18.5×高14cm	表布（進口布）140cm×20cm・30cm	扁平波奇包S・L
L…寬26.5×高19.5cm	配布（進口布）135cm×20cm・30cm	
原寸紙型	裡布（棉布）90cm×20cm・30cm	
無	拉錬 17cm・25cm 各2條／皮標籤 1片	

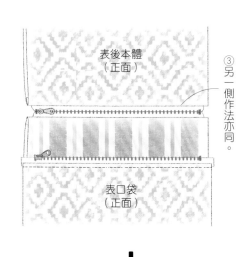

③另一側作法亦同。

表後本體（正面）

表口袋（正面）

裁布圖

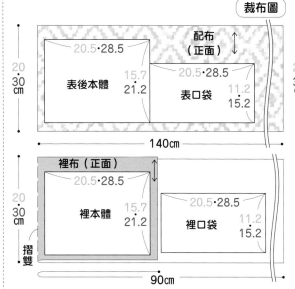

配布（正面）

20.5・28.5

20.5・28.5

表後本體   15.7 21.2

表口袋   11.2 15.2

20 30cm

140cm

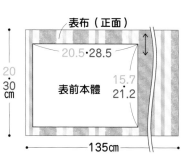

表布（正面）

20.5・28.5   15.7 21.2

表前本體

20 30cm

135cm

裡布（正面）

20.5・28.5

裡本體   15.7 21.2

20.5・28.5

裡口袋   11.2 15.2

20 30cm

摺雙

90cm

※標示的尺寸已含縫份。

裡本體（正面）

返口 15・23cm

⑤車縫。

裡本體（背面）

拉開拉錬。

④表本體&裡本體 各自正面相疊。

表前本體（背面）

1

表後本體（正面）

表口袋（正面）

⑥翻至正面，車縫返口。

裡口袋（正面）

（背面）拉錬

⑤車縫。

5.2 6.7

0.2   0.7

表前本體（正面）

拉錬（正面）

表前本體（正面）

0.5

表口袋（正面）

⑥口袋翻至正面，暫時車縫固定。

2. 製作本體

②車縫

拉錬（背面）

①暫時車縫固定。

對齊中心。 0.5

0.7

裡本體（背面）

邊端摺三角形。

表前本體（正面）

1. 製作口袋

拉錬（背面）

②暫時車縫固定。

對齊中心。 0.5

表口袋（正面）

0.2   3   4

①縫上皮標籤。

表口袋（正面）   0.7

③裡口袋正面相疊車縫。

裡口袋（背面）

（背面）拉錬

拉錬（正面）

④翻至正面車縫。

0.3

表口袋（正面）

裡口袋（背面）

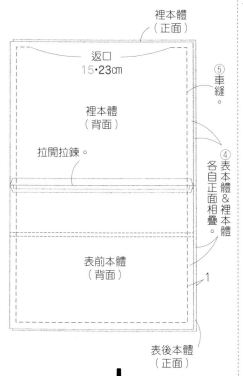

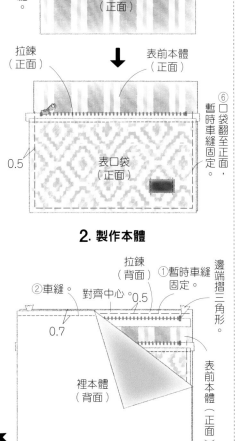

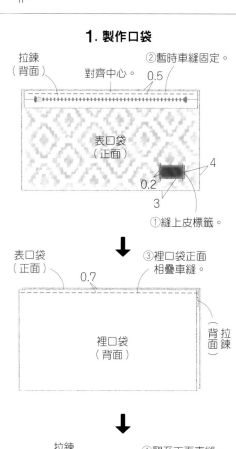

完成尺寸	材料
寬34×高30cm	表布（進口布）140cm×40cm
原寸紙型	配布（麻布）105cm×40cm
無	裡布（棉麻布）110cm×40cm
	接著襯（soft）92cm×40cm／皮標籤 1片

3. 完成！

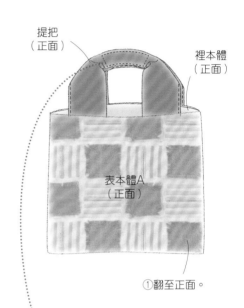

提把（正面）
裡本體（正面）
表本體A（正面）
①翻至正面。

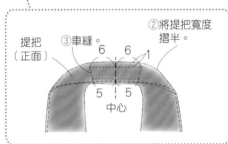

提把（正面）
③車縫。
②將提把寬度摺半。
6　6　1
5　5
中心

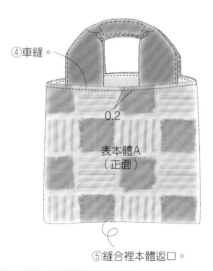

④車縫。
0.2
表本體A（正面）
⑤縫合裡本體返口。

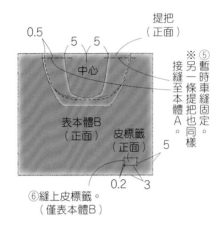

0.5　5　5
提把（正面）
中心
表本體B（正面）
皮標籤（正面）
5
0.2　3
⑤暫時車縫固定。
※另一條提把接縫至本體A也同樣。
⑥縫上皮標籤。（僅表本體B）

2. 製作表本體＆裡本體

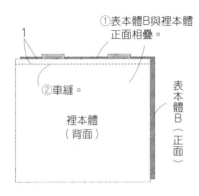

①表本體B與裡本體正面相疊。
1
②車縫。
裡本體（背面）
表本體B（正面）

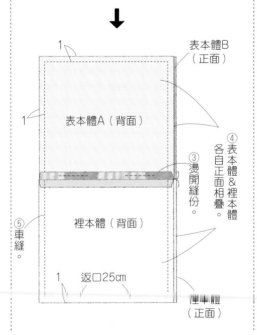

1
表本體B（正面）
表本體A（背面）
1
③燙開縫份。
④表本體＆裡本體各自正面相疊。
裡本體（背面）
⑤車縫。
1　返口25cm
裡本體（正面）

※表本體A與另一片裡本體作法亦同。

※標示的尺寸已含縫份。
※ □ 處於背面燙貼接著襯。

表布（正面）↑

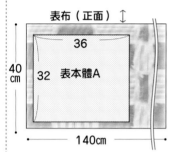

40cm
36
32　表本體A
140cm

配布（正面）↑

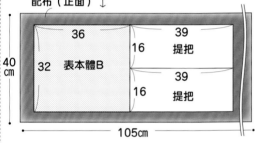

40cm
36
39　提把
16
32　表本體B
39　提把
16
105cm

裡布（正面）↑

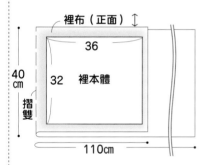

40cm
摺雙
36
32　裡本體
110cm

1. 接縫提把

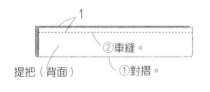

1
②車縫。
提把（背面）
①對摺。

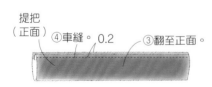

提把（正面）
④車縫。 0.2
③翻至正面。

※另一條提把作法亦同。

98

完成尺寸	材料
寬24×高35×側身11cm	表布（進口布）140cm×40cm
原寸紙型	配布（麻布）105cm×40cm／裡布（棉麻布）110cm×50cm
無	接著襯（soft）90cm×60cm／皮標籤 1片
	皮革提把（寬2cm 40cm）1組／底板 23cm×10cm

3. 套疊表本體＆裡本體

②車縫。
表本體（背面）
1
①表本體翻至正面，再放進裡本體內。
對齊中心。
裡本體（背面）
③翻至正面。

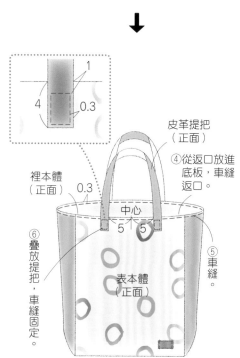

1
4
0.3

裡本體（正面）
0.3
皮革提把（正面）
④從返口放進底板，車縫返口。
中心
5　5
⑥疊放提把，車縫固定。
表本體（正面）
⑤車縫。

裁布圖

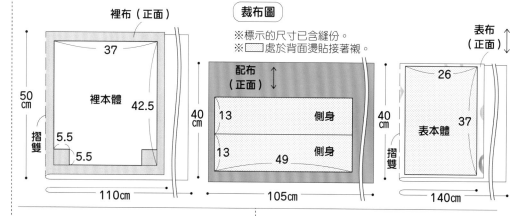

※標示的尺寸已含縫份。
※□□處於背面燙貼接著襯。

裡布（正面）
37
50cm
裡本體 42.5
摺雙
5.5
5.5
110cm

配布（正面）
40cm
13　側身
13　側身　49
105cm

表布（正面）
26
40cm　表本體　37
摺雙
140cm

2. 製作裡本體

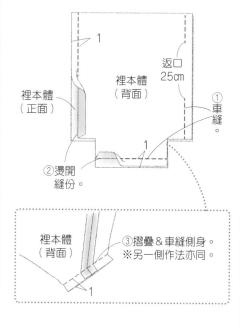

1
裡本體（背面）
返口 25cm
裡本體（正面）
①車縫。
②燙開縫份。
1

裡本體（背面）
③摺疊＆車縫側身。
※另一側作法亦同。
1

1. 製作表本體

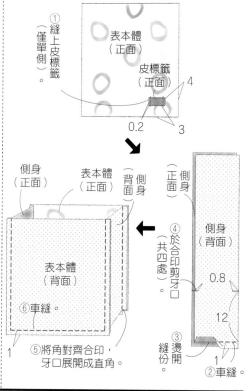

①縫上皮標籤（僅單側）。
表本體（正面）
皮標籤（正面）
4
0.2　3

側身（正面）
表本體（正面）
背面
側身
側身（正面）
④於合印剪牙口（共四處）。
側身（背面）
0.8
12
表本體（背面）
⑥車縫。
1
⑤將角對齊合印，牙口展開成直角。
③燙開縫份。
1
②車縫。

完成尺寸	材料
寬48×高48cm（攤開時）	表布（平織布）55cm×55cm
原寸紙型	裡布（平織布）55cm×55cm
無	繩子 粗0.3cm 100cm

2. 製作本體

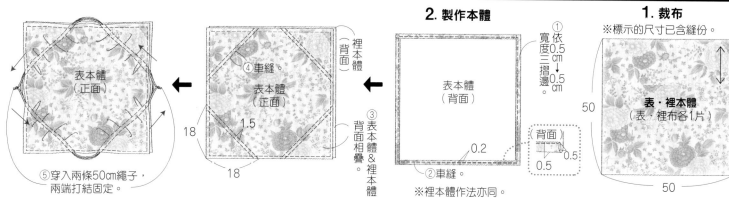

表本體（正面）

裡本體（背面）
④車縫。
表本體（正面）
1.5
18
18
③表本體＆裡本體背面相疊。

裡本體（背面）
①依寬度0.5cm三摺邊。↓0.5cm
表本體（背面）
0.2
②車縫。
※裡本體作法亦同。

1. 裁布
※標示的尺寸已含縫份。
50
表・裡本體（表・裡布各1片）
50

⑤穿入兩條50cm繩子，兩端打結固定。

完成尺寸
直徑15×高10cm

原寸紙型
D面

材料
表布（麻布）50cm×35cm／裡布（平織布）85cm×35cm
接著襯（厚手）20cm×20cm
單膠鋪棉 45cm×35cm／圓繩 粗0.7cm 100cm
腳釘（雙腳式）直徑12mm 5組
拉鍊 20cm 2條

化妝包 M

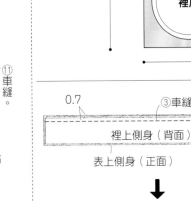

表上側身（正面）
⑧車縫。 1
表下側身（正面）
裡中央布（正面）
表中央布（背面）
以表·裡中央布包夾。

↓

裡上側身（正面） ⑨翻至正面。 裡中央布（背面）
表上側身（正面）
⑩車縫。
表下側身（正面）
0.2
表中央布（正面）

↓

裡上側身（正面） 表上側身（背面）
⑪車縫。 1
表下側身（正面）
內摺1cm。
裡中央布（背面）
避開表中央布。

↓

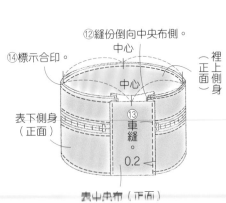

⑫縫份倒向中央布側。
⑭標示合印。
中心
中心
裡上側身（正面）
表下側身（正面）
⑬車縫。 0.2
表中央布（正面）

※ ▢ 處於背面燙貼單膠鋪棉。
▨ 處於單膠鋪棉上再燙貼接著襯。
※表蓋可依喜好刺繡圖案。

裁布圖

※除了表·裡蓋&表·裡底之外皆無原寸紙型，請依標示的尺寸（已含縫份）直接裁剪。

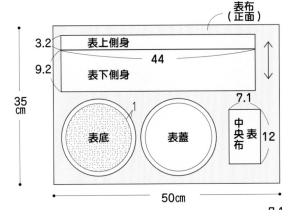

表布（正面）
3.2 表上側身
44
9.2 表下側身
7.1
表底 1 表蓋 中央表布 12
35cm
50cm

裡布（正面）
3.2 裡上側身
44
9.2 裡下側身
7.1 中央裡布 12
裡底 裡蓋
35cm
斜布條 3.8×48.5cm（4條）
85cm

0.7 ③車縫。
裡上側身（背面）
表上側身（正面）

↓

④翻至正面。 裡上側身（背面）
0.2 表上側身（正面）
⑤車縫。 拉鍊（正面）

↓

⑦暫時車縫固定。 表上側身（正面）
0.2 表下側身（正面） 0.5
⑥下側身作法亦同。 裡下側身（背面）

---

1. 車縫側身

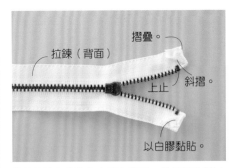

摺疊。
拉鍊（背面）
上止 斜摺。
以白膠黏貼。

①將拉鍊上止的上方摺向背面，斜摺邊角並以白膠固定。另一條作法亦同。

↓

②對齊布邊，暫時車縫固定。
中心 0.5
0.2
表上側身（正面） 拉鍊（背面）

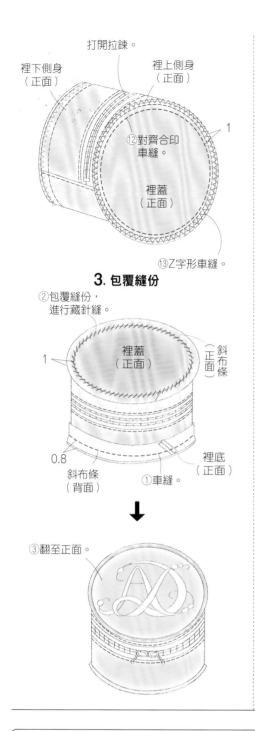

打開拉鍊。

裡下側身（正面）
裡上側身（正面）

⑫對齊合印車縫。

裡蓋（正面）

1

⑬Z字形車縫。

3. 包覆縫份

②包覆縫份，進行藏針縫。

裡蓋（正面）

斜布條（正面）

1

0.8

斜布條（背面）

①車縫。

裡底（正面）

③翻至正面。

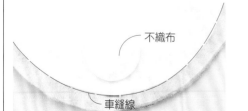

---

⑦車縫。 1 ⑧剪牙口。

0.5

0.9

⑥對摺斜布條＆包夾圓繩。
※另一條作法亦同。

⑨沿步驟⑦針腳車縫。

表底（正面）

對齊布邊。

※包蓋作法亦同。

裡上側身（正面）
裡下側身（正面）

⑩對齊合印車縫。

1

裡底（正面）

⑪Z字形車縫。

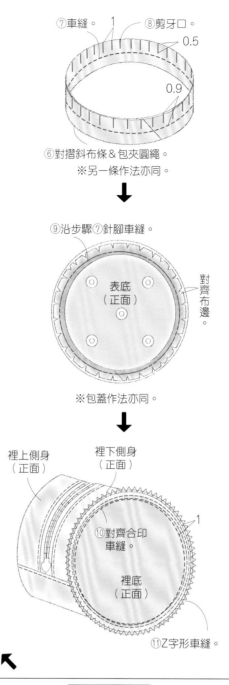

---

2. 接縫底部＆包蓋

②表底＆裡底背面相對，暫時車縫固定。

※表蓋＆裡蓋作法亦同，但不安裝腳釘。

表底（正面）

0.5

裡底（背面）

①安裝腳釘。

③車縫。 0.5

斜布條（背面）

斜布條（背面）

④燙開縫份。
※以③、④相同作法再縫3條。

圓繩（47.1cm）

⑤兩端接連成圈，並以透明膠帶固定。
※另一條也接連成圈。

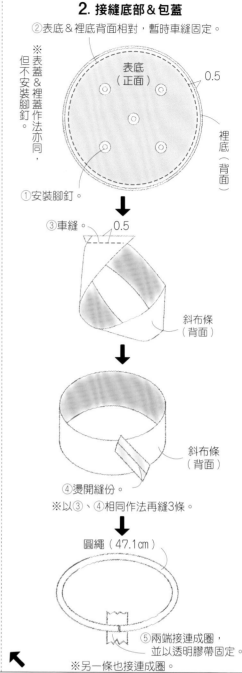

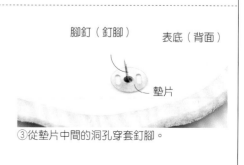

腳釘安裝方法

表底（正面）
腳釘
②腳釘從正面穿進洞內。

表底（背面）
圓斬
①以圓斬在腳釘安裝位置打洞。

不織布　墊片　釘腳
腳釘（雙腳式）／サンオリーブ（sunolive）（株）

不織布
車縫線
⑤不織布背面塗膠，貼在釘腳＆墊片上方。注意不要太靠近車縫線位置。

表底（背面）
腳釘（釘腳）
墊片
車縫線
④釘腳摺往左右，並注意與縫份平行，以免車縫時卡住壓布腳。

腳釘（釘腳）　表底（背面）
墊片
③從墊片中間的洞孔穿套釘腳。

101

白兔波奇包

完成尺寸
寬約13×高約24cm

原寸紙型
A面

材料
表布A（粗花呢）50cm×20cm／**表布B**（棉布）30cm×15cm
表布C（絨毛氈）10cm×10cm
表布D（毛絨）15cm×10cm／**配布A**（棉布）10cm×10cm
配布B（棉布）10cm×10cm／**配布C**（斜紋布）120cm×5cm
不織布（白色）5cm×5cm／**拉鍊** 8cm 1條
包釦芯 直徑4cm 2顆／**鈕釦** 1cm・0.5cm 各1顆
25號繡線（茶色）／**方形小玻璃珠**（水藍色）8顆
管珠節管珠（黑色）12mm 2顆・（紅色）3mm 4顆
丸大玻璃珠（紅色）2顆・（銀色）1顆
出芽帶 15cm／**繩擋** 1個
鏈條 寬0.5cm 5cm／**單圈** 0.7cm 1個／**填充棉** 適量

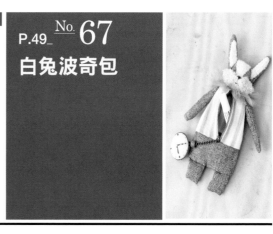

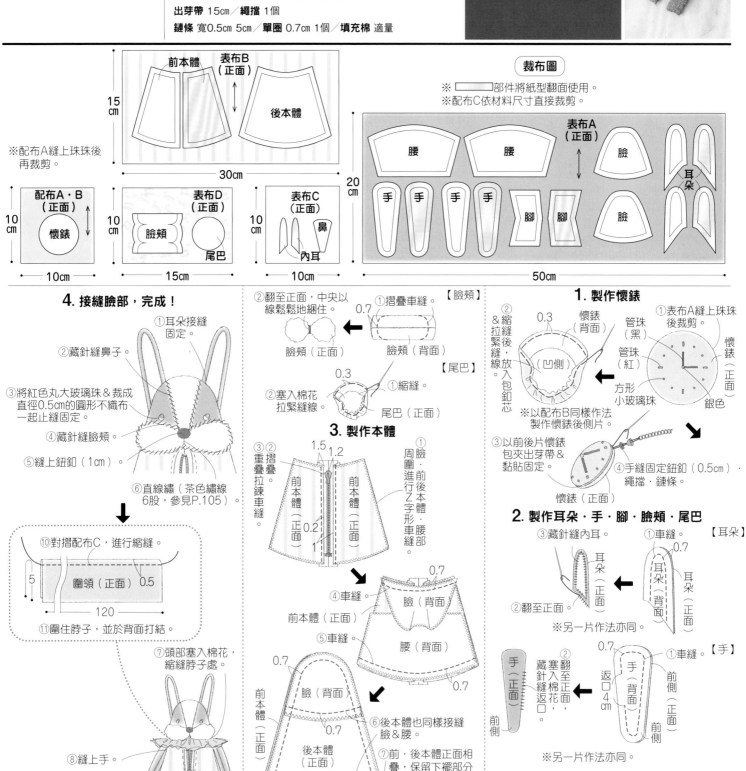

裁布圖

※ 部件將紙型翻面使用。
※配布C依材料尺寸直接裁剪。

※配布A縫上珠珠後再裁剪。

前本體　表布B（正面）　後本體
15cm　30cm

配布A・B（正面）　懷錶　10cm　10cm
表布D（正面）　臉頰　尾巴　10cm　15cm
表布C（正面）　內耳　鼻　尾巴　10cm　10cm

表布A（正面）　腰　腰　臉　耳朵　手 手 手 手　腳 腳　臉　20cm　50cm

4. 接縫臉部，完成！
①耳朵接縫固定。
②藏針縫鼻子。
③將紅色丸大玻璃珠＆裁成直徑0.5cm的圓形不織布一起止縫固定。
④藏針縫臉頰。
⑤縫上鈕釦（1cm）。
⑥直線繡（茶色繡線6股，參見P.105）。

⑩對摺配布C，進行縮縫。
圍領（正面）0.5　120　5
⑪圍住脖子，並於背面打結。

⑦頭部塞入棉花，縮縫脖子處。
⑧縫上手。
⑨縫上尾巴。
⑫以單圈將懷錶鏈條固定於拉鍊頭。

【臉頰】
②翻至正面，中央以線鬆鬆地綑住。
①摺疊車縫　0.7
臉頰（正面）　臉頰（背面）

【尾巴】
②塞入棉花拉緊縫線。
①縮縫　0.3
尾巴（正面）

3. 製作本體
③②重疊摺疊車縫　①臉・前後本體・腰部周圍進行Z字形車縫。
1.5　1.2
前本體（正面）　前本體（正面）
0.2　1
④車縫
前本體（正面）　臉（背面）　腰（背面）　0.7
⑤車縫
前本體（正面）　臉（背面）　0.7　後本體（正面）
⑥後本體也同樣接縫臉＆腰。
⑦前・後本體正面相疊，保留下襬部分不縫合，車縫周圍。
⑧夾入腳車縫
腰（背面）　腳（正面）

1. 製作懷錶
②&縮縫拉緊後，縫線放入。縫紧缝線放入包釦芯。
0.3
懷錶（背面）　（凹側）
①表布A縫上珠珠後裁剪。
管珠（黑）　管珠（紅）　方形小玻璃珠　懷錶（正面）　銀色
※以配布B同樣作法製作懷錶後側片。
③以前後片懷錶包夾出芽帶＆黏貼固定。
④手縫固定鈕釦（0.5cm）・繩擋・鏈條。
懷錶（正面）

2. 製作耳朵・手・腳・臉頰・尾巴
【耳朵】
①車縫。0.7
③藏針縫內耳。
②翻至正面。
耳朵（正面）　耳朵（背面）　耳朵（正面）
※另一片作法亦同。

【手】
①車縫。0.7
②藏針縫塞入棉花，翻至正面返口。
返口4cm
手（背面）　手（正面）　前側（正面）　前側
※另一片作法亦同。

【腳】
①對摺。②車縫。0.7
③翻至正面，塞入少許棉花。
腳（正面）　腳（背面）
※另一片作法亦同。

完成尺寸	材料
寬5.8×高4.5cm	表布（不織布）10cm×10cm／裡布（不織布）10cm×10cm
原寸紙型	配布 A至D（不織布／奶油色・水色・粉紅色・綠色）各5cm×5cm
D面	古董珠（白色）約95顆・（水色）約60顆
	竹節管珠（黑色）3mm 約35顆／丸大玻璃珠（白色）8顆
	25號繡線（紅色・粉紅色・奶油色・灰色・綠色）
	胸針托 1個

4. 接縫基底

①複寫基底紙型。
本體（正面）

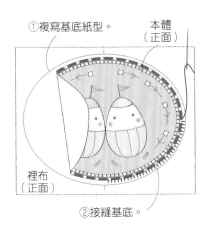

裡布（正面）

②接縫基底。

④胸針托止縫至背面。

③依完成線修剪基底。

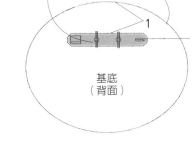

基底（背面）

2. 進行貼布縫

①依臉→身體→頭的順序進行貼布縫。

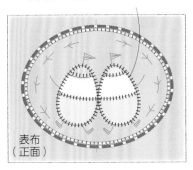

表布（正面）

3. 進行刺繡

①參見圖案進行刺繡。
②縫上丸大玻璃珠。

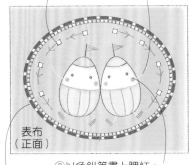

表布（正面）

③以色鉛筆畫上腮紅。

④依本體完成線修剪表布（注意不要剪到線）。

1. 進行滾邊

①在表布上複寫刺繡圖案、貼布縫接縫位置及本體完成線。

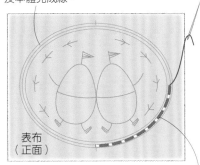

表布（正面）

②於接縫位置輪流縫上竹節管珠＆古董珠（白色）。

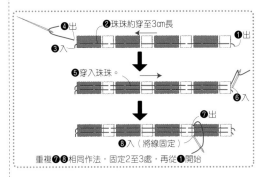

❶出　❷珠珠約穿至3cm長
❸入
❺穿入珠珠。
❻入
❼出
❽入（將線固定）

重複❼❽相同作法，固定2至3處，再從❶開始

②內側也輪流縫上兩顆白色、兩顆水色古董珠。

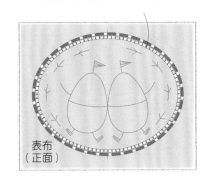

表布（正面）

貼布縫原寸紙型

身體
（水色2片）

頭部接縫位置

臉
（奶油色2片）

頭部
（綠色・粉紅色各1片）

原寸圖案

※皆使用25號繡線2股。

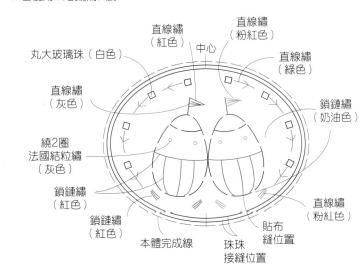

直線繡（紅色）
直線繡（粉紅色）
中心
丸大玻璃珠（白色）
直線繡（綠色）
直線繡（灰色）
鎖鏈繡（奶油色）
繞2圈法國結粒繡（灰色）
鎖鏈繡（紅色）
直線繡（粉紅色）
鎖鏈繡（紅色）
本體完成線
珠珠接縫位置
貼布縫位置

使用刺繡針法

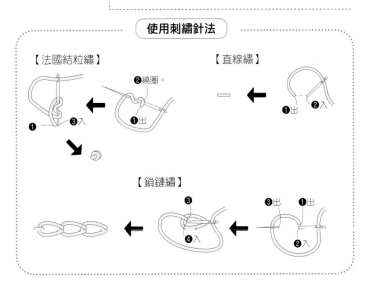

【法國結粒繡】
❷繞圈。
❶　❸入

【直線繡】
❶出　❷入

【鎖鏈繡】
❸
❸出　❶出
❷入　❹入

完成尺寸	材料	
寬6.3×高5.3cm	表布（13目／1cm麻布）可框入繡框的大小	
	配布（棉布）10cm×10cm	**P.44_ No. 66**
原寸紙型	25號DMC繡線（498・327・844）適量	**老鼠針插**
無	毛球 直徑0.8cm 4顆	
	羊毛枕心 6cm×5cm 1個	

2. 製作本體

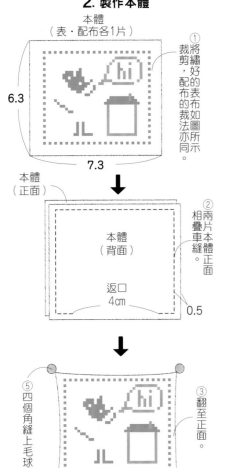

本體
（表・配布各1片）

①裁剪繡好的表布，配布的裁法如圖亦所同示。將繡好的表布裁如圖亦所示。

6.3
7.3

②相疊兩片車縫本體正面。

本體（正面）
本體（背面）
返口 4cm
0.5

③翻至正面。

④塞入羊毛枕心（羊毛亦可），藏針縫返口。

⑤四個角縫上毛球。

6
5 羊毛枕心

1. 進行刺繡
【刺繡圖案】

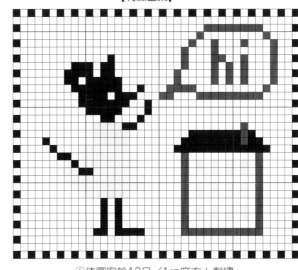

DMC 25號繡線
2股
■：498
　：927
■：844

①依圖案於13目／1cm麻布上刺繡。

※十字繡是數著布的織線進行刺繡。
※使用圓針尖的十字繡專用針。
※使用棉質或麻質等緯線與經線等間距織成的布料。
　13目／1cm意指1cm寬有13目緯線與經線的布。依目數變化刺繡的大小。

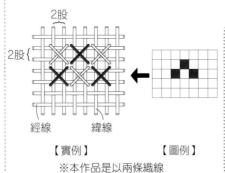

2股
2股{

經線　緯線
【實例】　【圖例】
※本作品是以兩條織線刺繡1目的十字繡。

十字繡法

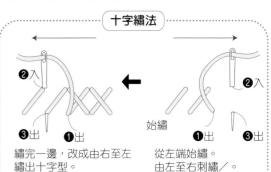

②入　②入
❸出　❶出　始繡　❶出　❸出

繡完一邊，改成由右至左繡出十字型。

從左端始繡。由左至右刺繡／。

完成尺寸	材料	
寬13×高15cm	表布（Cotton Lawn）50cm×50cm	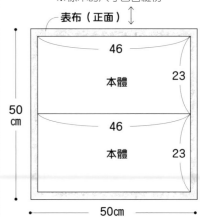
	鬆緊帶 寬1cm 110cm	**P.55_ No. 74**
原寸紙型		**束口短袖套**
無		

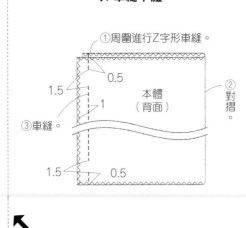

⑥車縫。
袖口側
⑤摺疊。
1
1.5
⑦穿入鬆緊帶（23cm）。
④燙開縫份。
本體（背面）
3
5
⑨重疊1cm車縫。
1.5
3
⑩穿入鬆緊帶（28cm）。
⑤摺疊。
⑥車縫。

1. 車縫本體

①周圍進行Z字形車縫。
0.5
1.5
1
本體（背面）
②對摺。
③車縫。
1.5　0.5

【裁布圖】
※標示的尺寸已含縫份。

表布（正面）
46
本體　23
50cm
46
本體　23
50cm

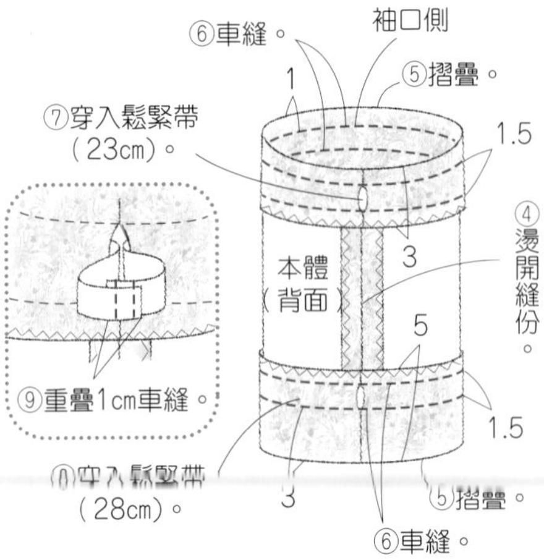

完成尺寸
胸圍 106cm
總長 97cm
原寸紙型
A面

材料
表布（棉麻牛津布）110cm×200cm
已燙縫份的滾邊斜布條 寬1.2cm 550cm

---

5. 車縫後片端至下襬線

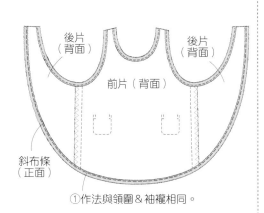

後片（背面）　後片（背面）
前片（背面）
斜布條（正面）
①作法與領圍＆袖襱相同。

6. 車縫肩線

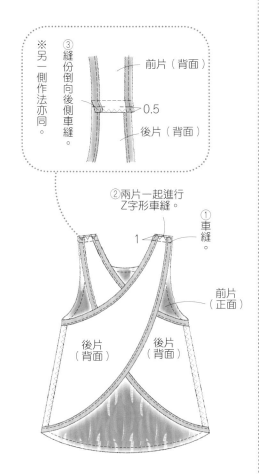

※另一側作法亦同。
③縫份倒向後側車縫。
前片（背面）
0.5
後片（背面）

②兩片一起進行Z字形車縫。
①車縫。
1
前片（正面）
後片（背面）　後片（背面）

2. 車縫領圍

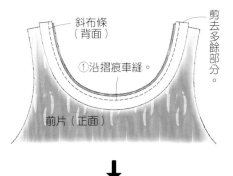

斜布條（背面）
①沿摺痕車縫。
剪去多餘部分。
前片（正面）

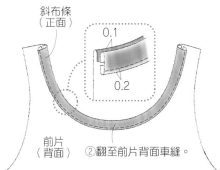

斜布條（正面）
0.1
0.2
前片（背面）
②翻至前片背面車縫。

3. 車縫脇邊線

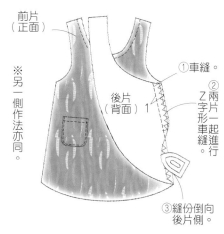

前片（正面）
後片（背面）1
①車縫。
②兩片一起進行Z字形車縫。
③縫份倒向後片側。
※另一側作法亦同。

4. 車縫袖襱

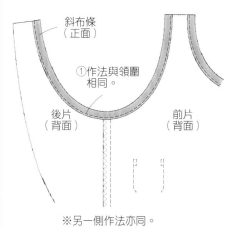

斜布條（正面）
①作法與領圍相同。
後片（背面）　前片（背面）
※另一側作法亦同。

裁布圖

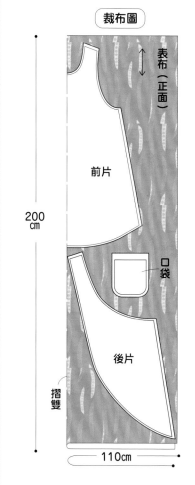

表布（正面）
200cm
前片
口袋
後片
摺雙
110cm

1. 接縫口袋

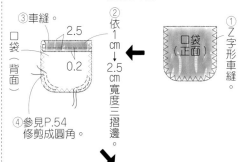

①Z字形車縫。
口袋（正面）
②依1cm→2.5cm寬度三摺邊。

③車縫。
2.5
0.2
口袋（背面）
④參見P.54修剪成圓角。

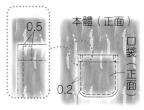

0.5
本體（正面）
口袋（正面）
0.2
⑤疊至車縫位置車縫。

※以相同作法再製作＆接縫一片。

完成尺寸
寬68×高68×側身20cm

原寸紙型
D面

材料
表布（棉牛津布）150cm×85cm
配布（棉布）85cm×150cm
鈕釦 3cm 1顆
棉織帶 寬1cm 90cm

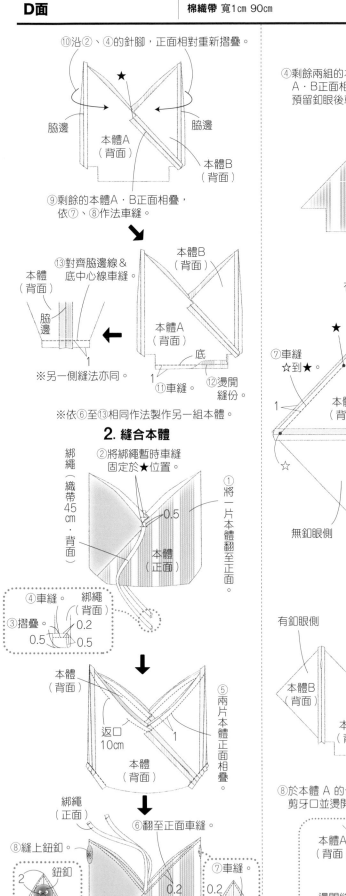

⑩沿②、④的針腳，正面相對重新摺疊。

脇邊　脇邊
本體A（背面）　本體B（背面）

⑨剩餘的本體A・B正面相疊，依⑦、⑧作法車縫。

⑬對齊脇邊線＆底中心線車縫。

本體（背面）
脇邊
本體B（背面）
本體A（背面）
底
①車縫。
⑫燙開縫份。

※另一側縫法亦同。

※依⑥至⑬相同作法製作另一組本體。

2. 縫合本體

②將綁繩暫時車縫固定於★位置。

綁繩（織帶45cm・背面）

①將一片本體翻至正面。

本體（正面）

④車縫。
綁繩（背面）
③摺疊。
0.2
0.5　0.5

本體（背面）

返口10cm

本體（背面）

⑤兩片本體正面相疊。

綁繩（正面）

⑥翻至正面車縫。

⑧縫上鈕釦。

鈕釦
2
脇邊
鈕釦
本體（正面）

⑦車縫。
0.2　0.2

釦眼　脇邊

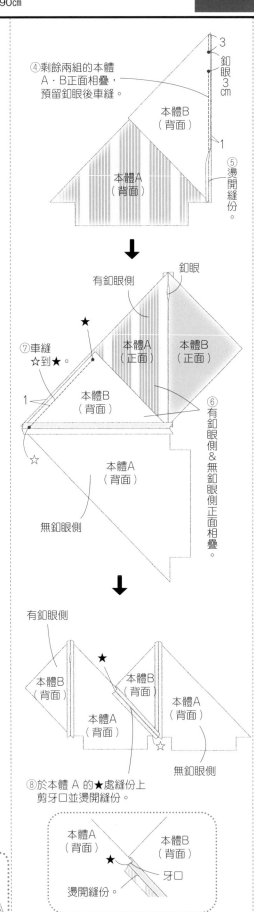

④剩餘兩組的本體A・B正面相疊，預留釦眼後車縫。

本體B（背面）
本體A（背面）

釦眼 3cm
3

1

⑤燙開縫份。

有釦眼側　釦眼

本體A（正面）　本體B（正面）

⑦車縫☆到★。

本體B（背面）
★
☆
1

本體A（背面）

無釦眼側

⑥有釦眼側＆無釦眼側正面相疊。

有釦眼側

本體B（背面）
本體B（背面）
本體A（背面）
本體A（背面）
★
☆
無釦眼側

⑧於本體A的★處縫份上剪牙口並燙開縫份。

本體A（背面）
本體B（背面）
★
牙口
燙開縫份。

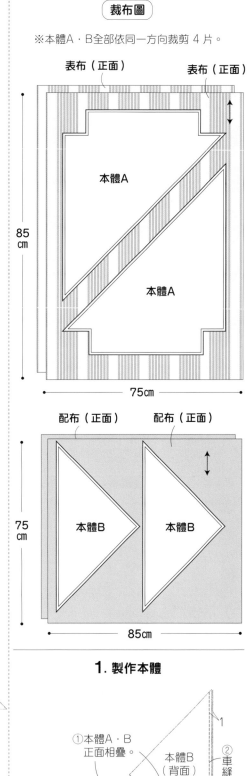

裁布圖

※本體A・B全部依同一方向裁剪4片。

表布（正面）　表布（正面）

本體A

85cm

本體A

75cm

配布（正面）　配布（正面）

本體B　本體B

75cm

85cm

1. 製作本體

①本體A・B正面相疊。

本體B（背面）

②車縫。

本體A（正面）

③燙開縫份。

①本體A・B
正面相疊。

※另一組本體A・B作法亦同。

112

完成尺寸	材料
胸圍 100cm 總長 93cm	表布（棉布）150cm×320cm 已燙縫份的滾邊斜布條 寬1.2cm 70cm 鬆緊帶 寬2.5cm 50cm
原寸紙型 **D面**	

6. 車縫脇邊線

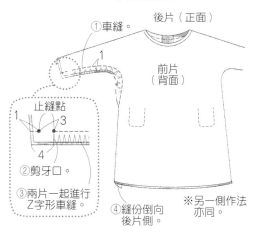

①車縫。
後片（正面）
前片（背面）
止縫點
1 3
4
②剪牙口。
③兩片一起進行Z字形車縫。
④縫份倒向後片側。
※另一側作法亦同。

7. 車縫袖口

後片（背面）　前片（背面）
①燙開縫份。

↓

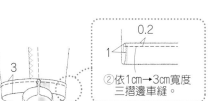

3
0.2
1
②依1cm→3cm寬度三摺邊車縫。
③參見P.57穿入鬆緊帶（25cm）。

※另一隻袖子作法亦同。

8. 車縫下襬線

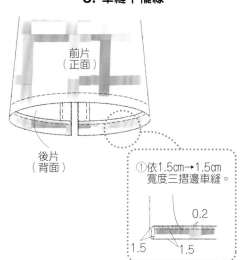

前片（正面）
後片（背面）
①依1.5cm→1.5cm寬度三摺邊車縫。
0.2
1.5　1.5

3. 車縫後中心

①依1cm→1.5cm寬度三摺邊。
1
1.5
②將綁繩夾入接縫位置。
0.2
③車縫。
後片（背面）

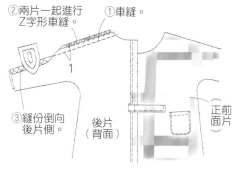

綁繩（正面）
後片（背面）
④綁繩向上翻車縫。
※另一片作法亦同。

4. 車縫肩線

②兩片一起進行Z字形車縫。
①車縫。
1
③縫份倒向後片側。
後片（背面）
正前面片
※另一側作法亦同。

5. 車縫領圍

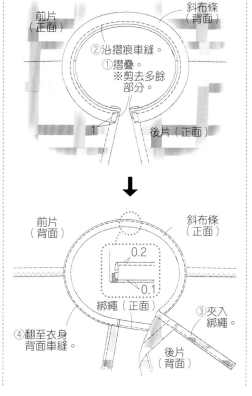

前片（正面）
斜布條（背面）
②沿摺痕車縫。
①摺疊。
※剪去多餘部分。
1
後片（正面）

↓

前片（背面）
斜布條（正面）
0.2
0.1
綁繩（正面）
④翻至衣身背面車縫。
③夾入綁繩。
後片（背面）

裁布圖

※綁繩無原寸紙型，請依標示的尺寸（已含縫份）直接裁剪。

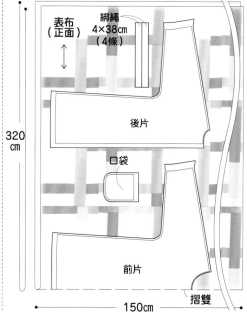

表布（正面）
綁繩 4×38cm（4條）
320cm
後片
口袋
前片
摺雙
150cm

1. 製作綁繩

※參見P.56製作綁繩

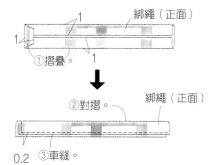

綁繩（正面）
1
1
①摺疊。
1

↓

②對摺。
綁繩（正面）
0.2
③車縫。

2. 接縫口袋

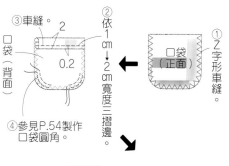

③車縫。
2
②依1cm→2cm寬度三摺邊。
口袋（背面）
0.2
①Z字形車縫。
口袋（正面）
④參見P.54製作口袋圓角。

↓

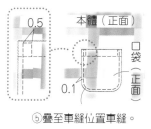

0.5
本體（正面）
口袋（正面）
0.1
⑤疊至車縫位置車縫。

※另一片作法亦同。

113

雅書堂　　搜尋
www.elegantbooks.com.tw

Cotton friend 手作誌
Spring Edition 2020 vol.48

國家圖書館出版品預行編目 (CIP) 資料

大玩春色印花布!豐富生活色彩的好心情日常布作 /
BOUTIQUE-SHA 授權；瞿中蓮, 彭小玲, 周欣芃譯.
-- 初版 . -- 新北市：雅書堂文化, 2020.03
　　面；　公分 . -- (Cotton friend 手作誌；48)
ISBN 978-986-302-534-4(平裝)

1. 縫紉 2. 手工藝

426.3　　　　　　　　　　　　　109002744

大玩春色印花布！
豐富生活色彩的好心情日常布作包

授權	BOUTIQUE-SHA
譯者	彭小玲 ‧ 周欣芃 ‧ 瞿中蓮
社長	詹慶和
執行編輯	陳姿伶
編輯	蔡毓玲 ‧ 劉蕙寧 ‧ 黃璟安 ‧ 陳昕儀
美術編輯	陳麗娜 ‧ 周盈汝 ‧ 韓欣恬
內頁排版	陳麗娜 ‧ 造極彩色印刷
出版者	雅書堂文化事業有限公司
發行者	雅書堂文化事業有限公司
郵政劃撥帳號	18225950
郵政劃撥戶名	雅書堂文化事業有限公司
地址	新北市板橋區板新路 206 號 3 樓
網址	www.elegantbooks.com.tw
電子郵件	elegant.books@msa.hinet.net
電話	(02)8952-4078
傳真	(02)8952-4084

2020 年 3 月初版一刷　定價／ 350 元

STAFF	日文原書製作團隊
編輯長	根本さやか
編輯	渡辺千帆里　川島順子
攝影	回里純子　腰塚良彦　島田佳奈
造型	西森 萌
妝髮	タニ ジュンコ
視覺＆排版	みうらしゅう子　牧 陽子　松本真由美
繪圖	飯沼千晶　澤井清絵　爲季法子　並木 愛　三島惠子
	中村有理　星野喜久代
紙型製作	山科文子
校對	澤井清絵

經銷／易可數位行銷股份有限公司
地址／新北市新店區寶橋路 235 巷 6 弄 3 號 5 樓
電話／ (02)8911-0825
傳真／ (02)8911-0801